推荐序一

探索精彩纷呈的香水世界
是一场冒险

在读完一本书后写下序言，是为了向这本书和它的作者表达敬意。就这本书而言，则是要向作者们表达敬意。《香水之书》由多位作者集体创作，无论男女，他们中的每一位都对香味与香水满怀热忱。

当翻开这本书的一瞬间，我便仿佛重回丁丁[①]的漫画世界，这是我的儿女非常喜欢的精彩故事之一，如今我的孙辈依然在阅读。带给我这种感觉的，或许是这本书中的插画，是埃尔热所倡导的简洁线条，抑或是悉心挑选的明艳色彩——至少有其中一部分原因。细细品读书中的文章后，这种印象依然在我脑海中萦绕不去。这本书的切入角度仿佛源自一位记者或新闻工作者，行文风格亦是如此。阅读的过程就如同一场邂逅，让我邂逅了一群与丁丁个性相仿的可爱作者。探索精彩纷呈的香水世界是一场冒险。在我看来，这本“漫画书”以通俗易懂却十分关键的内容，邀请读者踏上一段绝妙之旅，去探索和发现：

- 我们的嗅觉如何工作，如何在我们还是腹中胎儿时就开始发挥作用；
- 气味与香水的历史及其数千年来编织出的故事；
- 将制香和烹饪两种艺术紧密联结的纽带（让・马里・法里纳足以与马里－安

① 丁丁：为比利时漫画家乔治・雷米（Georges Remi，笔名埃尔热）所创作的系列漫画作品《丁丁历险记》中的主人公。该系列漫画故事以探险发现为主题，辅以科学幻想的内容，同时倡导反战、和平和人道主义思想。——译者注（全文脚注皆为译者注）

托万·卡雷姆[2]比肩）；

• 许多被人们发现使用尚不足百年的天然香水原料，比如香根草、依兰依兰、檀木和广藿香。

我先介绍到这里，因这本书内容颇丰，精彩之处最好还是留给你们亲自发现。书中还包含了一份指南，它将助你学会如何选择适合自己的香水。

香水的芬芳气息充盈着我们的呼吸，其终极使命并非拥抱市场经济——虽然在经济方面，香水的确贡献卓著：在法国出口贸易中，香水制造业名列第三。如同音乐一般，香水的终极使命是予人愉悦，一种可与他人分享的、关乎爱与互动的愉悦。即便是最普通的新香水产品上市，也牵涉到上千甚至数百万瓶香水，其芬芳之歌令整个世界倾倒。如同聆听一段乐曲，我们每个人都以自己的方式去倾听和理解，欣赏并感受着香水的魅力。

这一切的核心源自一个人，那就是调香师。如果说香水业是一个大马戏团，调香师们则居高称王，驯服并掌控着原料，巧妙地处理各种气味。他们走在创意的钢索上，力求平衡与和谐。他们化身为魔法师与术士，从魔法帽子里为我们掏出气味，掏出并非源自天然萃取的花香，掏出以化学方法孕育的木质香，用芬芳触动我们的情感。他们是领头人，只需施展魔法，就会让你完全着迷。调香师们正为大家献上一场全新的表演，并带来与众不同的香水。

“神创造香味，人制造香水。赤裸、脆弱，二者都只能借助机巧才可存于世上。香水是香味与人的结合。”——让·焦诺[3]《论香》（摘自法语图书《日记、诗歌与散文》，“七星文库”1995 年出版）

调香师让－克劳德·艾列纳

2018 年 6 月

② 马里－安托万·卡雷姆（Marie-Antoine Carême）：法国近代美食之父。他是法国烹饪史上首位将法式烹饪分门别类做系统化整理的厨艺大师。

③ 让·焦诺（Jean Giono）：法国作家，其作品多描绘普罗旺斯的乡村世界。

推荐序二

启迪世界，发现香水的艺术性与热情

能为《香水之书》作序让我倍感自豪，更加荣幸的是这篇序言能出现在让 - 克劳德·艾列纳的法文版序言之后，因为他是我十分敬仰的一位杰出的调香师。

《香水之书》的内容涵盖了香水的发明、配方、创作和发展历史等各个方面。读者将通过阅读，去探索书中章节悉数呈现的香水这种隐形的艺术以及它的复杂性，从而能够更深入地走进并了解香水的世界。Nez 团队的作者与香水基金会（The Fragrance Foundation）秉持着同一目标，这同样也是我们的使命：启迪全世界的人们去发现香水的艺术性与热情。几年前，我到任目前职位时充满干劲，因为终于有机会以一种全新而现代的方式回馈香水世界。香水基金会是一个商业组织，其成员来自香水世界的各个领域。我们致力于让消费者更深入地了解香水世界并因此聚在一起。现在，有很多消费者已经置身于香水世界，另一些人则很有可能将香水这一重要元素融入日常生活中。

自我上任以来，凭借有价值的内容与新媒体，我们已经建立起全新的交流平台：要闻，每周简报，和行业协定（Noteworthy，a weekly newsletter，and Accords）——与香水相关的社交和文化数字对话平台。我们的社交媒体保持着每日的活跃度，以趋势、潮流和活动为特色，同时展示调香师、香水屋、原料和品牌。

与世界各地的人们紧密相连是我们的终极目标，为此我们宣布 3 月 21 日为国际香水日并注册了商标。每一年，我们都以独特视角开展全新的合作活动：2019 年，我们邀请肖像摄影师迈克尔·阿维顿[①]，2020 年邀请时装设计师及艺术家丽贝卡·摩西斯[②]。香水基金会英国分部庆祝香水日已有数年，基金会借此势头，期盼和英国、法国、澳大利亚以及日本的特约合作方结成联盟，与全球消费者互动。

2020 年为全球带来巨大挑战，我们期待着回到“新常态”。同时，我们已将现场活动和颁奖转换为虚拟平台和网络研讨会。我们的目标是不断教育和培养人才；我们为下一代创建全新的课程、教育模式以及导师制项目。

我们知道，香水基金会和行业作为一个整体，有许多机会促进行业的多元化发展，让香水行业更具包容性。业界必须努力地维护香水行业的包容性。香水基金会将竭诚以此为首要任务，团结并扩大我们的社群。我们将在各个方面变得更具张力，不断改进并创新。

香水不断改善人们的生活方式，使之更丰富多样，并且使人们更多关注个人护理：从使用芬芳的消毒液和清洁剂，到使用精油、蜡烛、香薰以及许多其他形式的香水来体验家庭水疗。精美的香水带来更多可能，让我们回忆起梦寐以求的旧识故地。

我有幸能引荐本书，它将教会和带领读者享受香水之美；因为香水是一种无形却又强大，能够激发和连接我们最幸福记忆的艺术形式。

香水基金会主席琳达·G. 莱维

2020 年 6 月

① 迈克尔·阿维顿（Michael Avedon）：美国摄影师，擅长时装摄影和人物肖像摄影。

② 丽贝卡·摩西斯（Rebecca Moses）：美国时装设计师、插画家和作家。

推荐序三

从东方到西方，我们分享香水之乐

对香水行业和中国而言，2021 年秋季将会是被载入史册的全新篇章。最初由 Nez 出版社在法国和全球出版的参考图书《香水之书》，如今有了中文版。这是在为中国香水业发出强音，在国际消费者与中国消费者、香水品鉴家和专业人士、中国文化传承与世界之间，建立起互信的联系，也是一种荣幸和骄傲，能在东西方两种思维间就香水进行交流沟通。

我们分享香水之乐。然而，香水究竟是什么？对我们而言，香水关乎过往、历史、文化、身份、传统、时尚、原料、科技、创新、自然、工艺、创作、故事、记忆、情感、设计、新兴的和主流的品牌，最重要的是，香水关乎每一个人。

我们一同缔造香水的未来。但是，未来在何方？中国正处于香味繁荣的时代——现在如此，一开始也如此。这不仅仅是炒作。中国有着深厚的文化和丰富多彩的故事，而年轻有主见的受众，即千禧一代和 Z 世代，对香水充满热忱，此二者相互契合。

我们相信联系的力量。为什么这样讲？因为我们曾说“团结就是力量”，当我们团结在一起时，我们也就聚集了创意、交流、传承、商业和成功。中国芬芳满溢，全身心地拥抱香水行业当下的繁盛时代，我们知道这是非常有价值的。

我们，Nez 出版社和法尚（centdegrés）自豪而有幸地生活在香水行业的繁荣时代。我们很高兴邀请你同我们一道走得更远，去开启中土之国的门扉，领略其芬芳。

马蒂厄・罗谢特・施耐德、马蒂厄・舍瓦拉、多米尼克・布吕内尔

《中调》（*Middle Notes*），法尚和 Nez 出版社，2021 年 3 月

CONTENTS 目录

第 1 章

THE MECHANICS OF SMELL

嗅觉的机制

本章作者：希拉克·居尔当

对大脑而言，嗅觉感官是一扇通向世界的窗口：当我们通过鼻子吸入香气时，信号就会传到我们的神经元。但是大脑是如何处理信号的呢？对我们而言，是什么决定了气味的好闻或难闻？ 有时候气味会以非常强大和直接的方式唤回一段记忆，它是怎么做到的？简而言之，我们的嗅觉感官如何运作？本章中，我们将研究气味从觉察到感知的过程。

当你把鼻子凑到一束鲜花旁，香气中所蕴含的信号只需转瞬便能传递到大脑，触发各种不同的反应，例如“真好闻”“香气让我想起一些美妙事物”“我不喜欢”。花朵的香气由数百种不同气味分子构成，轻盈而易挥发。植物制造了这些分子，将其释放到空气中，抵达我们的鼻腔。从那一刻开始，大脑对这些分子的觉察和识别就开始按若干步骤进行，全由特定的大脑系统协调，而所有的哺乳动物都有同样的系统：嗅觉系统。因此，对于我们每一个人，这一过程从我们的鼻子开始，终结于大脑深处。

嗅觉感知的三阶段

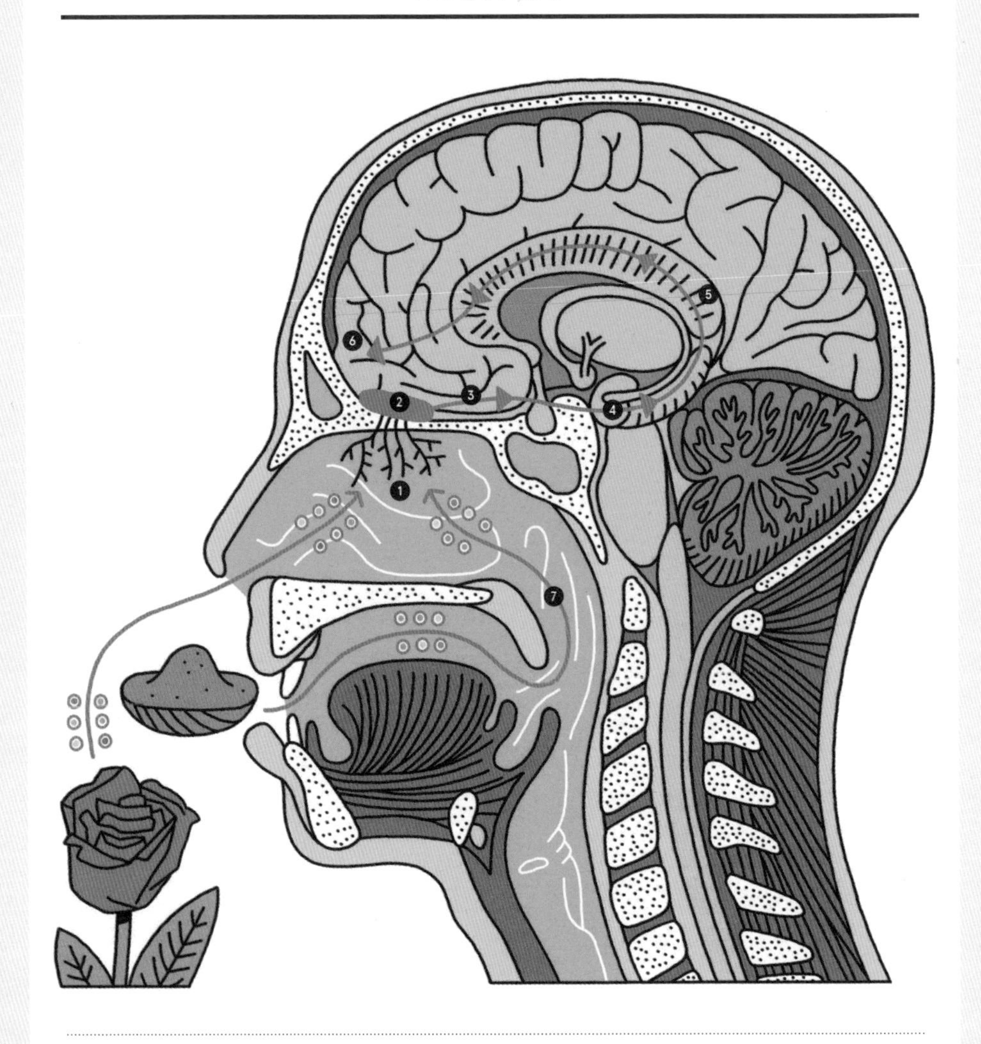

气味分子的察觉

❶ 嗅黏膜

嗅觉识别的处理

❷ 嗅球

记忆和情感

❸ 嗅皮质

❹ 杏仁核

❺ 海马

❻ 眶额皮层

❼ 鼻后嗅觉通路

请注意，此插图未按比例绘制，只是嗅觉系统的简化图。例如，嗅黏膜具有与大号邮票相同的表面积，嗅球比嘀嗒糖[①]大一些，而嗅皮质和海马则是面积更大的组织。

① 嘀嗒糖（Tic Tac）：意大利费列罗（Ferrero）公司 20 世纪 60 年代推出的一种迷你薄荷糖，每一粒尺寸约为 6 mm × 10 mm。

接收与觉察

从吸入开始，我们就与气味互动，数以百计悬浮在空气中的气味分子进入鼻腔并一直行进至鼻腔后部，气味受体就位于此处。在这里，气味分子溶解并短暂地保留在黏液中，当我们感冒时，这种液体会从鼻子流出。咀嚼食物时也会释放出气味分子，这些气味分子以鼻后嗅觉的形式通过嘴后部的通道到达鼻子。

气味分子的暂时留存让嗅觉受体有机会检测其气味。这些受体位于一类特定细胞，即嗅觉神经元的末端。在我们的鼻子后部，有数百万个这种嗅觉神经元，每个神经元的表面都有数百个受体，这些受体暴露于空气中，因此可对气味分子做出反应。每个神经元仅产生一种类型的受体。

嗅觉神经元觉察气味

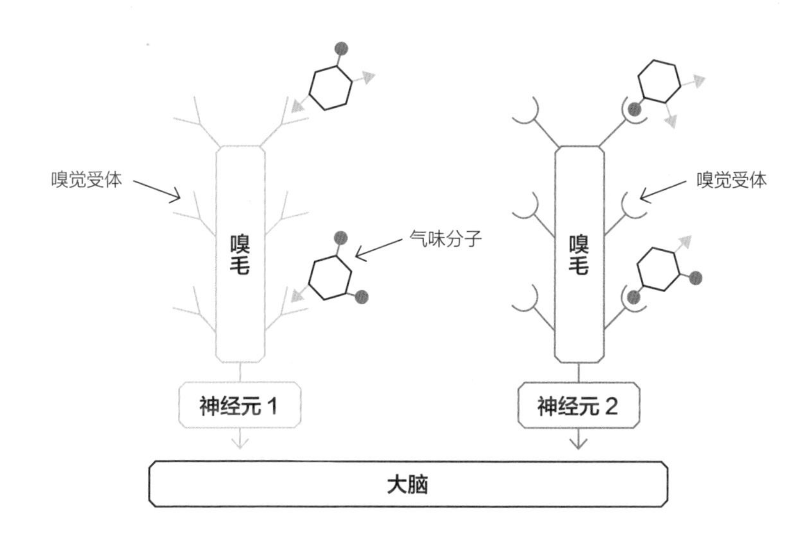

- 每一种嗅觉神经元仅呈现出一种气味受体，人类拥有约 400 种受体。
- 嗅觉神经元可分为不同类别：同一类别的嗅觉神经元会产生相同类型的受体。
- 嗅觉神经元不同类别的组合能够察觉气味分子的不同化学部分，因此才有可能实现感觉编码。

人类拥有约 400 种不同类型的受体，啮齿类动物有 1000 种，大象则高达 2000 种。

为了理解受体与气味分子之间的关系，我们必须在原子水平上观察分子的形状。分子包括几个部分，每个部分都由一种单独的嗅觉受体识别。一种由两部分（例如，一个线性部分和一个环形部分）组成的气味分子会分别被两种嗅觉神经元识别，每种嗅觉神经元都有一种单独的嗅觉受体。相反地，一种特定的受体可以从一系列不同分子中识别出一种特定的分子。觉察系统的巧妙之处，使其具有很强的适应性，这意味着它可以觉察出数百万种分子 - 受体的配型。当嗅觉神经元表面的受体与气体分子配型成功时，细胞就如同钥匙启动汽车引擎一样被激活和触发，并向大脑发送信号。

解析

来自嗅觉神经元的信息进入第一阶段，抵达大脑内负责气味处理的器官——嗅球，该器官在所有脊椎动物中都存在。

嗅球是一个双生组织，实际由两个球状物组成，是大脑最前端的部分之一，位于我们眼眶中间的下方。与大脑所有区域一样，嗅球由神经元组成。嗅球的特定功能是处理来自嗅觉神经元的信息，并为每个气味分子创建一种“身份证”。

然后，嗅球中的神经元将“身份证”发送到负责感觉知觉（嗅皮质）、记忆（内嗅皮质和海马）和情绪（杏仁核）的大脑部分。反过来，这些大脑组织中的每一部分都将信息发送到眶额皮层，在这里我们有意识地感知气味。这种非常直接的连接（在受体和皮层间只有两个神经元）是嗅觉所特有的。在视觉和听觉等其他感觉系统中，连接更间接，神经回路更长，触动情感的刺激更少。为了更好地理解气味和对气味与感知、记忆和情感之间的联系，花时间去研究嗅觉系统中各种脑组织的角色是大有用处的。

400 种

人类平均拥有的气味受体数量为 400 种（啮齿类动物为 1000 种，大象为 2000 种）。

1 秒钟

从察觉、感知到产生主动意识，嗅觉信息在大脑内处理所需的最长时间仅 1 秒钟。

1000 万

嗅觉黏膜上嗅觉神经元的数量为 1000 万个，位于人类鼻腔后部。

10 平方厘米

若将我们的嗅觉黏膜平铺开，其表面积大约等同于一张大号邮票。

解码

嗅皮质又名梨状皮质，因其状如梨而得名，它负责识别所有“身份证”。基于大量已知气味分子的集合，嗅皮质利用经由嗅球传递的信号，精准感知具有复合香气的对象，例如玫瑰或丁香的气味。

记忆

海马使我们每天所经历的事件的“影片”能够保存在记忆中。我们一天中所去过的每一个地方，我们去那里的时间，以及做了什么都在这里得到呈现。海马是一个调用我们所有感官的记忆库。凭借这个记忆库，我们能够有意识地决定回想某个特定事件。例如，我可以记得我母亲身上的香水味。但是，这些信息也可能以一种无意识的方式不假思索地向我袭来。这种突如其来和不自觉的回忆与普鲁斯特著名的玛德莱娜蛋糕场景相同，当《在斯万家那边》的主角品尝到浸润杯中茶的玛德莱娜蛋糕之时，一段失落的儿时记忆被唤起，他的姑妈曾给过他同样的糕点。[①]嗅球与海马、微弱的气味刺激与我们生命中所经历事件栩栩如生的重现之间都存在着紧密联系，也正因这种联系，嗅觉就像味觉一样能够触发完全出人意料的反应。

情绪

杏仁状的杏仁核为我们所经历的正面或负面情绪增色添彩。杏仁核的活动受到感官输入尤其是气味的影响。该组织不仅调节海马的活动，也调节前额皮质的活动，其中包括人类大脑中高度发达的部分，认知和想象的发源地——眶额皮层。情绪是气味享受中不可或缺的部分，气味具有令人愉悦或令人不愉快的特质，"我喜欢 / 讨厌"是我们首次闻到某种气味时最明显的反馈。这种愉悦及大脑许多区域的活动，包括岛叶皮质和眶额皮层，而此二者的运作与大脑功能中负责动机与奖赏的多巴胺能系统密切相关。

意识

眶额皮层位于眼窝下方，来自海马、杏仁核和嗅皮质的大量信息在此处进行最后的处理。眶额皮层是一个集成枢纽，通常在我们开始觉察到气味后不到一秒钟，有意识的气味感知就会在此发生。大脑成像还向我们表明，当我们思考气味带给我们的感觉时，思考指令主要集中在眶

---

① 《在斯万家那边》为法国作家马塞尔·普鲁斯特所创作的长篇小说《追忆似水年华》的首卷。该卷有一著名段落："起先我已掰了一块'小玛德莱娜'放进茶水准备泡软后食用。带着点心渣的那一勺茶碰到我的上颚，顿时使我浑身一震，我注意到我身上发生了非同小可的变化。一种舒坦的快感传遍全身，我感到超尘脱俗，却不知出自何因。……即使人亡物毁，久远的往事了无陈迹，唯独气味和滋味虽说更脆弱却更有生命力；虽说更虚幻却更经久不散，更忠贞不矢，它们仍然对依稀往事寄托着回忆、期待和希望，它们以几乎无从辨认的蛛丝马迹，坚强不屈地支撑起整座回忆的巨厦。"（选自译林出版社，1989 年版。）

嗅觉系统——活跃神经元的巨型网络

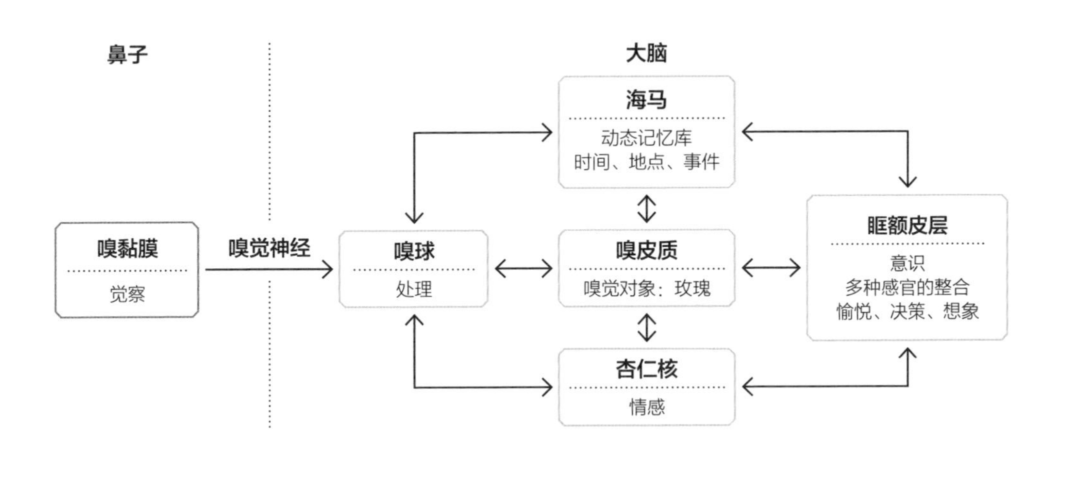

额皮层上。顺便说一句，眶额皮层也是资深调香师的大脑中最活跃的区域。此外，感知气味对于决策也有重要意义：出于自我保护的目的，决定是靠近还是远离气味来源；而在没那么性命攸关的情形下，气味也是我们选择购买甲品牌或乙品牌时，考虑的几个因素之一。

这些组织构成了哺乳动物的嗅觉系统，让我们能把日常生活中所嗅到的气味与记忆中的气味进行比较，并且将气味信息分类，帮助我们辨识不明的嗅觉刺激。然而，即使我们嗅觉系统在识别、区分与辨析不同香味方面，反应快速而高效，但是以语言描述某种气味，尤其是多种单一气味混合后的气味，仍需经过一定程度的训练。

命名气味对缺乏经验者来说十分困难，缺乏经验者对气味的识别能力较差也许有若干原因。嗅觉系统最初的演化只为满足基本需求：几千年前，人们还如其他动物一样，生活在野外，也没有语言能力。气味主要用于觉察与生存休戚相关的信息（例如腐肉），或做出迅速有效的行动决断（例如，在面对捕食者或者火灾的危急时刻，是逃避还是正面迎战）。这是不是嗅觉功能仅有的“特征面”呢？有趣的是，近期的数据表明并非如此。人们比较研究了马来半岛热带雨林里的狩猎采集者与同一地区与之关系密切的非狩猎采集者。狩猎采集者塞马克贝里人可以像命名颜色一样轻松地命名气味，并使用丰富的嗅觉词汇进行描述。因此，就如西方国家的酿酒或调香见习生一样，要解决无法描述气味的困难并提升命名和识别气味的能力，培训是关键。

与大众认知相反，每个人与生俱来的识别气味的能力其实相差无几。我们可以通过培训提升能力，只需些许指导和练习，我们就能培养对于气味的感知，并且欣赏萦绕身旁的各种芬芳。

第2章

THE HISTORY OF PERFUMERY

香的历史

本章作者：欧仁妮·布里奥

“在所有形式的奢侈品中，香水的用途最为多余，因珠宝可由佩戴者传给继承人，华服可维系一阵子，但是我们涂抹香水，其香味当即便散去，须臾便消失。”（老普林尼，公元 1 世纪的自然学家和《自然史》作者）自讽刺文体诞生以来，香就一直被谴责嘲笑，我们对于香的使用既神圣又轻浮，其影响力波及非常多的领域，如宗教、医学和充满魅惑力的艺术。

从人类学的视角来看，气味和香水在人类与众神的联系中起着关键作用。在许多文化中，人们食用动植物，摄取、消化，然后排泄废物，注定要与身体所产生的气味抗争，而众神则以献祭的馨香、因崇拜而燃点的宜人芬芳为食。诱人的气味甚至是神性独特的标志：古希腊人认为 euodia（意为“令人愉悦的气味”）表明神的显现。基督教徒的想象里同样如此，在《圣经 · 新约》中，基督因美好的香气而与众不同；在伊斯兰信仰中，阿纳斯[①]提到穆罕默德时说：“我从未闻到龙涎香、麝香或任何其他香味比先知的汗液更令人愉悦。”因此，在人类想象中，香首先且首要地具有神性。在世俗的环境中用香，凡人便承袭了一种神明独有的关键特质——芬芳。

因此，无论在何种情形下体验香，它仍是一种神奇之物，被赋予了特殊的力量。这种力量就是沟通的力量：它在两类存在——神与人或是人与人之间建立起联系。在转化方面，香同样施展神力：它们滋养、保护和美化我们。如今，香水营销仍然忠实地体现了这两种力量——香水久已成为一种灵丹妙药，使两个陌生人彼此感受到无法抗拒的吸引力（沟通的力量）。从更现代的意义上讲，香水是一个解放的动因，在兰蔻的“美丽人生”香水广告中，它开启了朱莉娅 · 罗伯茨的视界，看透世界的矫揉；香水也有一股神秘力量，在迪奥的“旷野”男士香水广告中，引领约翰尼 · 德普于不毛之地中寻觅通往自由的道路。数千年的历史已使它成为一种文化载体，其所浸润的意义，远远超越“让使用者好闻”这一简单目的。在每一瓶香水购买的背后，都存在着令人着迷的深刻议题，这些议题出于道德规范或愉悦心理，将美德与恶习、世俗与神圣、庸俗与精致融为一体。

---

① 阿纳斯（Anas）：或指阿纳斯 · 伊本 · 纳达尔（Anas ibn Nadhar），伊斯兰先知穆罕默德的追随者之一。

古典时期

神圣馨香，众神之芳

香最早的用途与人类的诞生交织在一起。自旧石器时代以来，狩猎采集者燃点芬芳的木材与树脂以敬神灵，袅袅升起的烟雾将祝祷送至神明耳中。香（perfume）一词的词源证明了这种做法的重要性：在拉丁语中，per fumum 意为“凭借烟雾”。香，曾经最常以植物油或动物脂肪作为基础载体，也可以涂抹于肌肤上。在古埃及，香是神圣之物，由祭司于神庙中制作。在托勒密

奇斐（Kyphi）
最著名的埃及香——奇斐，主要用于熏烧以礼敬神明。其基本的成分包括莎草、白菖蒲、杜松子、松脂、灯心草、蜂蜜、没药、树脂和葡萄酒。如今有若干不同配方存世，如普鲁塔克①记录的一份配方中列出了 16 种原料。如同许多其他埃及香一样，奇斐也被当作药物，尤其用于治疗肺部及肝脏疾病。

王朝时期的神庙（如埃德夫[2]神庙）内的“实验室”墙上发现了调香配方。香的神奇力量也使它成为帮助人们抵御疾病的无价之宝。如迪奥斯科里德斯和盖伦[3]的著作所述，希腊和罗马发现了香的治疗用途，例如用于治疗头痛或妇科疾病。这类型医用香的数量在罗马世代显著增加。

---

① 普鲁塔克（Plutarch）：古罗马作家。

② 埃德夫：埃及尼罗河西岸的一个城市，位于伊斯纳于阿斯旺之间，城中的荷鲁斯神庙是埃及第二大神庙，又被称为埃德夫神庙。

③ 迪奥斯科里德斯（Dioscorides）：古罗马时期的希腊医生与药理学家，其希腊文代表作《药物论》在之后的 1500 多年间成为药理学的主要教材，也是现代植物术语的重要来源；盖伦（Galen）：古罗马的医学家及哲学家，其见解和理论在 1000 多年内主导了欧洲的医学，提出了影响深远的“四体液”学说。

希腊人与罗马人的清洁方式

在没有肥皂的世界里，主要用可溶解污垢的芳香油来洗浴和搞卫生。芳香油被保存在一个扁平的球形陶瓷罐（aryballos）中，便于取用涂抹。身体涂满芳香油，在清水冲洗之前还会使用刮身器[①]刮干净。这类器具常见于希腊浴场中，这种浴场在公元前5世纪推广了集体公共浴场的理念。在一个叫作“tholos”的圆形房间中，大约有20个“浴位”——供沐浴者坐下的独立石制扶手椅，围绕一个水池排成一圈。一些浴场可能有两个圆形空间，还有蒸气室、浴缸、更衣室、按摩室等。这种集体沐浴最终演变成罗马帝国的温泉，增加了热、暖和冷的房间，游泳池，运动区域和文化设施（例如礼堂和图书馆），可容纳数千名沐浴者。

鲜花和树脂

在调香组方中，老普林尼清楚地区分了sucus和corpus，分别意为芳香物质和溶剂基底，基底通常是植物油（例如由辣木籽制成的辣木油，或由苦杏仁、橄榄、芝麻或罂粟制成的油脂）。希腊和罗马使用的大部分芳香原料是花朵和树脂，它们通常被浸泡在油脂中。其中有本地出产的玫瑰、香堇菜、百合、水仙、鸢尾根和薰衣草，以及各类进口香料，包括液态的苏合香（来自卡里亚、奇里乞亚[②]），劳丹脂（来自塞浦路斯）、白松香、黄蓍胶及香脂（来自朱迪亚[③]）、乳香及没药（来自阿拉伯）、肉桂、甘松和锡兰肉桂（来自印度）。如今，调香师的技艺仅限于创作配方，即混合已制备好的成分。然而直至19世纪末，调香师还承担了芳香原料制备的大量工作；在中世纪及更早之前，调香师的职责还包括制备调香配方中的基底油脂。

---

① 刮身器：古希腊、罗马时代清洁身体的器具，常以金属制成，状如弯曲的鞋拔，一端供持握，另一端的弯曲部分则方便刮下附着于身体上的污渍、汗液和芳香油等。

② 卡里亚：安纳托利亚历史上的一个地区，在今土耳其境内；奇里乞亚：位于今日土耳其东南部的小亚细亚半岛，地处于前往地中海的通道上，曾是罗马帝国一个贸易繁盛的地区。

③ 朱迪亚：古巴勒斯坦的南部地区。

中世纪

以香治病的时代

欧洲基督教的出现，使得此前关于香的主流观念发生了翻天覆地的改变。古代宗教并不谴责香的世俗用途，不管是为了审美愉悦，还是出于诱惑的目的。但在基督教的传统中，抹大拉的玛利亚在耶稣脚跟前献上香膏，这一举动决定性地巩固了香用于宗教目的，是道德上唯一正确的用法。其他任何用途，特别是用于诱惑，都被视为亵渎。此外，直到 19 世纪末路易斯 · 巴斯德[①]的研究发表之前，人们都坚信难闻的气味会带来疾病，而美好的气味则可以抵御疾病。因宗教和文化两方面原因，在西方基督教世界中，香的使用主要局限于预防和治疗疾病。这不是说在

① 路易斯 · 巴斯德（Louis Pasteur）：法国微生物学家、化学家，近代微生物学的奠基人之一，创立了“巴氏消毒法”。

这一时期香不曾用于诱惑，而只是说它有败坏道德、挑逗欲望的一面而已。

蒸馏器的新时代

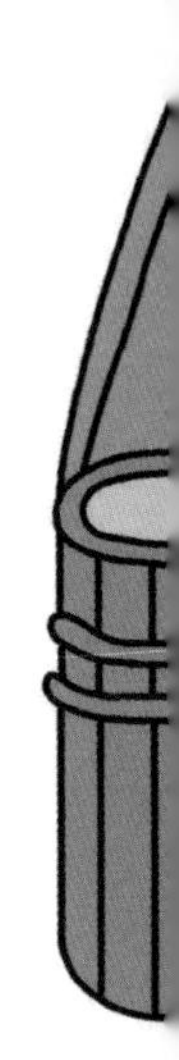

中世纪时期，修道院种植芳香植物并生产药用芳香水，即“奇迹之水”。尽管自古以来，人们已经开始运用蒸馏方式处理某些芳香植物，但直到8世纪，阿拉伯世界才首次使用蒸馏器。13世纪末，在意大利南部的萨莱诺才出现对发酵物进行蒸馏这一工艺，这使得生产乙醇（又称酒精）成为可能。有了蒸馏器，新型香水诞生，这种香水以酒精作为配方基础。在当时，最流行的产品是芳香植物的酒精溶液，其中芳香植物以迷迭香和百里香最为常用，因其抗菌性有助于增强酒精治愈微恙和抵御疾病的能力功效。1500年，耶罗尼米斯·布伦施威格[①]的*Liber de arte distillandi de simplicibus*（一本有关蒸馏术的简明手册）出版。这本书详尽展示了蒸馏物的不同成分和蒸馏技术，并列出了305种动植物蒸馏物及其治疗特性。除唯一的个例迷迭香外，该书没有区分花水和精油，也未提及任何分离流程。尽管如此，该书依然展现了蒸馏器工艺为芳香产品制备带来的长足进步。

沐浴的无尽乐趣

对贵族以及比较富有的中产阶级来说，沐浴是在家里进行的。无论出于仪式性的清洁目的，特别是在婚礼前或出生后的晚上，还是为了享受水带来的愉悦感和诸多裨益以及卫生的考虑，沐浴通常在用石材、金属打造的浴缸内或带有织物内衬的木质浴缸内完成，有时候还会在沐浴用的水中浸泡芬芳的草本植物。根据沐浴者的家境和健康状况，沐浴可能与便餐、音乐娱乐等同时进行，让沐浴成为重要的享受时刻。而公共浴场则与某些不道德的习俗相联：人们当然会在浴场里沐浴、用餐，但

① 耶罗尼米斯·布伦施威格（Hieronymus Brunschwig）：出生于德国斯特拉斯堡的外科医生、炼金术士及植物学家，生活时代约为1450年至1512年之间。

此处也是情人们私交之所。教会强烈谴责浴场的此项用途，并且为关闭浴场而斗争。

匈牙利女王之水

“匈牙利女王之水”的前身是中世纪用芳香精油调配的酒精溶液，原本以迷迭香制成。尽管人们经常误以为它是在 1370 年发明的，但实际上直到很晚，在 1660 年的一本匿名作者所著的法国图书中，“匈牙利女王之水”的名字才出现，书名为《新奇稀缺与趣味秘方》。一名有地位的人士将这本书捐赠给公众。书中包含了一些对各种疾病均有疗效和裨益的实证疗方，还有若干女士驻颜的秘方以及各种干湿方剂的制备新法。围绕着产品的虚构故事激发了人们对其力量的信念，“匈牙利女王之水”声名远播。据说，一位隐士将“奇迹之水”赠予匈牙利女王伊莎贝尔（Isabelle de Hongrie），女王时年 72 岁，有多种小病缠身，备受折磨。然而“奇迹之水”恢复了女王的健康和美貌，引得风华正茂、气度翩翩的波兰国王向她求婚。好一个故事带火产品的成功案例！

旧制度时期①

对水的恐惧

16 世纪随着可怕的瘟疫在整个欧洲迅速蔓延，公共浴场被关闭，私人沐浴也大幅减少了。同时，人们开始相信水进入体内会引发炎症并导致疾病。因此，治疗性沐浴仅被用于恢复潜在的体液失衡。但是，日常

① 旧制度时期：法国历史上从 16 世纪晚期开始至 1789 年法国大革命爆发为止的社会时期。

保持卫生主要靠“干洗”，包括使用有香味的布料擦拭皮肤并更换衣物。清洁的标准转移到了纯粹的视觉层面，为了表明自我打理得不错，人们会展示清洗得一尘不染的衣物，炫耀领口、袖口和轮状皱领的洁白。

玛丽·安托瓦妮特[①]的沐浴间

1784 年，玛丽·安托瓦妮特搬进了凡尔赛宫底楼的私人寓所，该寓所直接通向大理石庭院，与其子女毗邻。寓所设有卧室、书房和浴室各一间。1788 年，对浴室进行了全面翻新，浴室被打造得极为精美，浴缸边上装饰着曲项饮水的天鹅，还有海豚、贝壳和灯心草丛样式的图案和装饰品点缀其中。4 月，浴室地板上铺设了黑白大理石瓷砖，7 月安装了管道。热水和冷水分别从两只天鹅的颈项流入浴缸。浴室间于 11 月完工，但 1789 年 6 月又开始进一步改动。玛丽·安托瓦妮特永远无法得见这间浴室的完工。然而，她却见证了一个戏剧性的变化，用水保持个人卫生的做法，在 18 世纪末重新流行起来。

---

① 玛丽·安托瓦妮特（Marie Antoinette）：生于 1755 年 11 月 2 日，先为奥地利女大公，后与法国国王路易十六结婚成为法国王后。法国大革命爆发后，她被控叛国罪，于 1793 年 10 月 16 日被定罪处死。

瘴气屏障

在文艺复兴时期，人们认为散发难闻的气味是患病的迹象。为了阻隔瘴气，人们佩戴一种香球（来自法语 pomme d'ambre，意为“琥珀苹果”），其中装有不同的草本香料，以此建起一道嗅觉屏障。在 17 世纪，香球被其他容器所取代，例如随身携带的香囊，但其中所含的香气依旧保留了同样的预防功效。这些香囊通常含有很浓的动物气味：在调香师西蒙·巴尔贝的著作中有一张源自 1693 年的配方，就是这种“随身配方”，其中包括 2 克麝香、1 克灵猫香油和 4 滴秘鲁香脂。与之相似，在瘟疫时期，医生身着的大外套可隔绝不良空气渗入，佩戴的手套和充满草本芬芳的长嘴面罩，将有毒与腐臭的气体挡在身外。

重回水中

在启蒙运动时期的哲学家与“瘴气”疾病理论的推动下，人们开始对自然产生了新的兴趣，18 世纪人们重新用水清洁自身。基本的梳洗习惯依然关注表象：人们大方炫耀的重点是精心修整后的面容和秀发，但是与之相对，针对身体特定区域的沐浴依旧私密。坐浴盆在 1730 年前夕出现于贵族的住所中，其目的是消除因身体“私处”出汗而散发的令人不悦的气味，这是人们向 19 世纪开启的全新卫生狂热所迈出的第一步。

19 世纪

阶层的标志

在这个革命此起彼伏的世纪，公共政策力求控制工人阶级，因他们被视作危险之最；卫生保健已经推广到了大部分人群中：城镇中建起了专门的沐浴场所，学校和军队中都会教导洗漱。废除特权阶级让上流社会不再遥不可及，男人的着装以黑色西服为主，在如此的社会环境中，个人服饰的所有细节都显得愈发重要，洁净度也成为区分社会阶层的主要根据。香皂是清洁卫生的关键物品，即使最贫穷的人群也能负担得起，并被当作使身体赋香的重要媒介。其他个人护理类产品包括古龙水和薰衣草水、盥洗醋、乳液、发油、发蜡、香粉等等。人们会将少量淡香水倒入洗浴用的水中，而最富裕的阶层则在手绢上洒上几滴浓度更高的香精为自己增添芬芳。

享乐之香

在 19 世纪最后的 25 年，路易斯 · 巴斯德的细菌理论广为传播，逐

古龙水

古龙水在19世纪尤为流行。人们用古龙水治疗多种小灾小病；和“匈牙利女王之水”一样，古龙水也是采用柑橘类水果和香草的精油调配的酒精溶液。自中世纪以来，修道院——尤其是位于意大利的修道院——一直在制造“奇迹之水”。1693年在德国科隆[①]，一位名为乔万尼·保罗·费米尼斯的意裔移民开始出售一种由酒精和香蜂草、迷迭香、香柠檬、橙花、香橼、柠檬这几种精油调制成的商品。1709年，据说是费米尼斯的后代乔万尼·马里亚·法里纳开始在科隆销售这种产品，并冠以“科隆之水”的名称，风靡一时。1806年，另一后裔让·马里·法里纳离开科隆前往巴黎，并在家族允许下创建了自己的香水屋。让·马里·法里纳的古法古龙水配方于1840年出售给调香师科拉，后于1862年卖给阿尔芒·罗杰和夏尔·格雷[②]，这款香水是如今市面上在售的古老的香水之一。

步消除了人们集体认知中难闻气味与病原体之间的错误联系。从那时起，对香的认识重新回到单纯的享乐主义维度：美容产品增添了令人愉悦的香气，但其香气本身并不能帮助抵御疾病。因此，香只在有限程度上标志着清洁。此外，如果香太浓郁香艳，就变成为一种诱惑的手段，暗示着令人质疑的道德水准。香的使用究竟合乎或有违公序良俗，此二者间的界限是全然主观的，并且取决于使用者的社会地位。

合成革命

这一时期最知名的香水屋包括皮维(创建于1774年)、霍比格恩特(创建于1775年)、维奥莱(创建于1827年)、娇兰(创建于1828年)、皮诺和梅耶尔(创建于1830年)以及米约(创建于1860年)。天然原料是这些香水屋的产品中不可或缺的成分，由位于格拉斯[③]，同样老牌的

① 科隆：德国第四大城市，已有2000多年的历史，是德国古老的城市之一。中世纪科隆为重要的宗教圣地和艺术中心。

② 阿尔芒·罗杰（Armand Roger）和夏尔·格雷（Charles Gallet）于1862年创办香水美妆品牌香邂格蕾（Roger & Gallet）。

③ 格拉斯：法国东南部城镇，自从18世纪末以来，格拉斯的香水制造业一直相当繁荣，被称为“世界香水之都”。

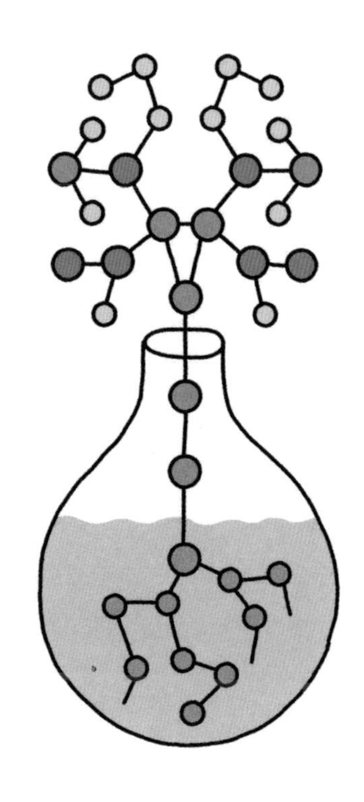

工坊供货，如希里（Chiris，创建于1768年）、洛捷·菲斯（Lautier Fils，创建于1795年）、鲁尔－贝特朗（Roure-Bertrand，创建于1820年）、罗伯特公司（Robertet et Cie，创建于1850年）等等。从19世纪80年代起，出现了针对芳香植物的全新处理工艺，尤其是出现了挥发溶剂萃取法。这些新工艺可以萃取更多不同的天然原料，拓展了调香师的创作可能。此外，还有首次问世的合成分子：香豆素（coumarin，问世于1868年）、香兰素（vanillin，问世于1874年）、人工麝香（artificial musk，问世于1888年）以及香堇酮（ionones，问世于1893年）。

虽然这些分子中大部分以天然状态存在，但这是人们首次通过其他化合物进行化学反应获取，而不再从植物中萃取。这对香水调配来说是革命性的。这些分子由专业生产公司供应：位于德国霍尔茨明登市的哈尔曼与赖默尔公司（Haarmann & Reimer，始建于1874年）、法国伊西莱莫利诺市的德·莱尔制造公司（Fabriques de Laire，始建于1876年）、瑞士韦尔涅市的奇华顿公司（Givaudan，始建于1895年）、瑞士日内瓦市的许伊与纳夫公司（Chuit & Naef，始建于1895年），以及法国阿让特伊市的朱斯坦·杜邦公司（Établissements Justin Dupont，始建于1902年）。因为合成产品使用起来比较棘手，企业很快便将合成产品与其他原料混合，以“香基”（base）的形式出售，更便于调香使用。德·莱尔制造公司（现为德之馨[①]）推出的香基“Ambre 83”（琥珀香83）就

① 德之馨（Symrise）：全球主要的香精香料和植物提取物生产企业之一，全球总部位于德国的霍尔茨明登市。

是一种包含香兰素的混合配方，而“Mousse de Saxe”（撒克逊苔藓）中使用了异丁基喹啉（isobutyl quinoline）。许伊与纳夫（现为芬美意[①]）则生产包含丁香酚（eugenol）的“Dianthine”以及含有香堇酮的“Iralia”（异甲基紫罗兰酮）。自1905年起，马里于斯·勒布尔在奇华顿调配出“Muguet 16”（铃兰16）和“Lilas Ⅶ”（丁香Ⅶ）等香基。虽然一开始并不打算以这种复合配方形式出售，但是这些香基产品广泛运用于香水配方中，从那时起便极大地影响了香水的风貌。

这些原料脱离了自然界被引入业内，开启了创意的可能，催生出全新的、更为抽象的香水香型：东方（orientals）和馥奇（fougères）。在东方香型中，香子兰或香脂基调与前调中的香柠檬互相制衡；馥奇香型则是基于薰衣草－香叶天竺葵－香豆素的谐调[②]，并首次运用于1882年霍比格恩特推出的皇家馥奇和1889年娇兰推出的姬琪之中。

一项产业的诞生

香水原料行业的现代化极大地加快了香水生产速度。由于合成产品的专利一旦进入公众领域，就能以相对较低的成本获得，这使得19世纪末的调香师可以根据自己的意愿调配出非常平价的产品，并将市场扩大到更低层的客群。所以，调香师可以为此选择特定的销售网络：19世纪70年代末，百货公司开设了香水柜台，城市里开始出现只销售香味产品的商店，即“香之集市”（bazars de parfumerie）。相反，为了让高价变得合理，将自己定位于市场最高端的那些调香师则必须在客户眼中构建出一个奢华形象：他们缩减产品系列，以使产品的定位更清晰，香水瓶变得引人注目且艺术化，而调香师的精品店则成为展示其品牌魅力之所。

---

① 芬美意（Firmenich）：全球知名的香精香料私营企业，全球总部位于瑞士日内瓦市。

② 谐调（accord）：香水术语。指两种或以上不同芳香原料组合在一起营造出的全新香气效果和嗅觉感受，其效果和感受与构成谐调的单一原料相比有显著区别。核心性的谐调可决定一款香水的个性特征。

咆哮的 20 世纪 20 年代与战后岁月

高级时装设计师的年代

20 世纪 20 年代最显著的标志是高级时装设计师进入香水市场。保罗·波烈一马当先，于 1911 年推出香水品牌罗西纳之香。他选择以女儿的名字作为品牌名称，其实犯了一个营销错误，没能充分发挥自身作为高级时装设计师所获的声誉美名并建立起与之关联的品牌形象。当时业界尤其注重视觉传达，调香师不得不面对因为缺乏品牌形象所致的不利

香奈儿女士的幸运数字

1921 年，嘉柏丽尔·香奈儿推出了著名的“五号”香水，创作出“五号”香水的调香师恩尼斯·鲍当时还在希里任职。在“五号”诞生时，香奈儿品牌之名已经足以彰显其产品，并建立起了“黑、白、米色，简洁、流畅，丰富配饰”的视觉风格。因此，香奈儿无须再为香水附加复杂的视觉表现形式，仅用一个数字作为香水的名字，品牌“香奈儿”的字样在纯白色背景下熠熠生辉。气味方面，大剂量的醛香赋予花香的架构一种朦胧又模糊的层次。这款香水各方面均符合抽象设计原则，因而具有很强的普适性，契合每种文化、每个时代，由此成为香水业历史上的佳话之一。

局面。同时，在这一点上，高级时装设计师有着巨大的优势，他们每年多次推出服饰系列，在消费者的视野中有着清晰的形象。十年后，当嘉柏丽尔·香奈儿推出“五号”时，亲眼见证了这一点。在香奈儿的引领下，几家高级时装屋热切投身香水行业，催生出若干至今仍是经典的作品：让·巴杜发布了代表恋爱三个阶段的“爱慕”、“我知道什么？”以及“告别理性”（1925 年）之后，调香师亨利·阿尔梅拉于 1930 年创作了“喜悦”，馥郁饱满的玫瑰和茉莉组合据说是当时世界上最昂贵的配方，其问世犹如一首颂歌，唱出抗击金融危机的喜悦。1923 年泽德夫人为珍妮·浪凡创作了一系列香水，1927 年浪凡萌生创意，聘请安德烈·弗雷斯和保罗·瓦谢调制了一款醛香花香水，以庆祝她的女儿、歌剧演唱家玛丽·布朗什·德波利尼亚克 30 岁的生日，这款香水的粉感香调在空气中激荡出优雅与诗意，这就是“琶音”。

娇兰、卡朗、科蒂：现代香水业的先驱

在全新竞争中，声名显赫的香水屋依然屹立不倒。始创于 1828 年的娇兰是 19 世纪最知名的品牌之一，在此时期依旧累积美誉：雅克·娇兰调制出许多大师级杰作，如“阵雨之后”（1906 年）、“蓝调时光”（1912 年）、“蝴蝶夫人”（1919 年）和“一千零一夜”（1925 年）。卡朗和科蒂均创建于 1904 年，是多款重要作品的幕后功臣。卡朗的创始人埃内

斯特·达尔特罗夫与艺术总监费利西·万普耶共同创作了多款热门香水，如“黑水仙”（1911 年）、“金色烟草”（1919 年）和“圣诞夜”（1922 年）。曾在格拉斯希里受训的弗朗索瓦·科蒂，仅用了数年便崛起成为一个香水帝国的首领，“牛至”（1905 年）、“古法琥珀”（1905 年）和“西普”（1917 年）都是科蒂品牌里程碑式的作品。西普以其巨大的成功，建立起一个香型家族的原型架构，该香型的起源可以追溯至古代，以广藿香和 / 或橡苔为基调，围绕着茉莉和玫瑰，前调则是香柠檬。西普为一系列的后继作品铺平了道路，如娇兰的“蝴蝶夫人”（调香师雅克·娇兰，1919 年），米约的“中国绉纱”（调香师为让·德普雷，1925 年）和罗莎的“罗莎女士”（埃德蒙·劳德尼茨卡，1944 年）。

自由的芬芳

在第二次世界大战期间，大多数法国香水屋遭到重创。娇兰在巴黎郊区布瓦科隆布的工厂在1943年被炸弹袭击，直到1947年才在邻近的库尔布瓦完全复工。卡朗的犹太裔创始人埃内斯特·达尔特罗夫于1939年以难民身份前往美国，勉强躲过了在法国被占领时期下德国军事当局的劫掠。但紧随大战结束，香水业从商业乃至嗅觉层面，都迎来了一个全面复兴的时期。过去的六年压抑了一代人的创业精神，也是这一代人在战后促成了众多全新的时装屋如雨后春笋般涌现。但对于这些品牌而言，立刻把经营范围延展到香水似乎至关重要：1947年2月12日，迪奥在时装系列首秀当日，还发布了“迪奥小姐”（让·卡尔莱与保罗·瓦谢），这是一款绿意西普调香水，以明快的白松香修饰主体香调[①]。皮埃尔·巴尔曼的时装屋成立于1945年。次年，推出了“香榭丽舍64.83”（热尔梅娜·赛利耶），其名字取自巴尔曼总部的电话号码；1947年又推出了“绿风”（热尔梅娜·赛利耶）。卡纷则发布“我的风格”（让·卡尔莱，1946年）以跟进。几年后，纪梵希（成立于1952年）也发布了原本为奥黛丽·赫本创作的香水——“禁忌”（弗朗西斯·法布龙，1957年）。对战前创立但尚未大量投资于香水的时装屋来说，情况也发生了变化。罗莎于1936年发布了三款香水，但均未广泛发售；1944年创作的“罗莎女士”则定位于更广阔的客群，这款香水以焦糖李子与辛香料的香调展现出深邃而性感的气质，广受欢迎。创立于1932年

---

① 原文为：“Christian Dior launched Miss Dior (Jean Carles and Paul Vacher), a green chypre with bright galbanum accents...”其中，白松香（galbanum，Ferula galbaniflua）又称格蓬，原料植物主产于伊朗及周边等地，具有显著强烈的青绿香气，类似青苹果和青椒，是香水中表现绿意的常用香调之一；而“accents”在英文香水术语中，一般指对核心香气主体（在本例中是西普香调架构）进行修饰、补充的其他香味元素。

的莲娜·丽姿也亦步亦趋，1946年发布的“喜悦之心”（热尔梅娜·赛利耶）是一款意指重新发现自由的香水；而“比翼双飞”（弗朗西斯·法布龙，1948年）的花香结构，围绕着粉感和细腻的香石竹香调次第展开，层层笼罩，如日光般和煦，以芬芳庆祝世界重归安宁和平。

时装屋挑选调香师

在香水创作上，时装公司面临着配方的问题。韦特海默（Wertheimer）兄弟拥有妙巴黎以及香奈儿香水两家品牌公司，香奈儿香水公司于1924年聘用了调香师恩尼斯·鲍。但并非所有品牌都能拥有专属调香师为其服务。大多数情况下，他们求助于原料供应商：德·莱尔制造公司的埃德蒙·劳德尼茨卡为罗莎调制了“罗莎女士”；鲁尔－贝特朗以及朱斯坦·杜邦公司的调香师让·卡尔莱、热尔梅娜·赛利耶和弗朗西斯·法布龙分别为莲娜·丽姿、罗拔贝格、迪奥、皮埃尔·巴尔曼、卡纷和纪梵希及其他品牌调配香水。这些本来就擅长调制香基的原料企业，逐步调整了自己的业务，开始为时装屋调制香水，供其以自身品牌名义进行出售。鲁尔公司的热尔梅娜·赛利耶，是一名个性很强的女性，以超剂量和精简配方为基础，构建起自身的调香风格。她充满自信的创意选择，撑起了一些大胆的配方，包括象征生活乐趣、包含8%白松香的巴尔曼“绿风”、粗犷而活力四射的皮革香“匪盗”（罗拔贝格品牌，于1944年推出）以及馥郁的晚香玉香水“喧哗”（罗拔贝格品牌，于1948年推出）。为了迎合调香作业的新趋势，让·卡尔莱提出了至今仍以他的名字命名的教学方法。1946年，鲁尔调香学校（Roure Perfumery School）诞生，开创了一种塑造行业的全新模式，随后所有其他的配方公司也都遵循这种模式，包括于1895年成立的芬美意和奇华顿，还有后来由波拉克与施瓦茨合资（Polak & Schwarz）及范·阿梅林根－哈伊布勒（Van Ameringen-Haebler）于1958年合并而成的国际香精香料公司（International Flavors & Fragrances，缩写为IFF）。今天，这些组织是世界市场上最大的香料供货商，拥有数量最庞大的调香师。

20 世纪六七十年代

埃德蒙·劳德尼茨卡

调香师埃德蒙·劳德尼茨卡创办了“艺术与香水”（Art & Parfum）这间独立创作实验室，三年后的1949年，他搬到格拉斯郊外的卡布里，以亲近普罗旺斯乡间。在那里，他开始构想一种与众不同的香水创作。对他而言，当时风靡的香调过于甜美、厚重和刺激，已不适合同时代的年轻人。他简化配方，缩减调香盘[①]，将具有食物感的香调全部剔除。历经三四个春秋，在1956年，他向迪奥提供了一款铃兰香配方。这款香水细腻而富有诗意，以“迪奥之韵”的名字发布。十年后，“清新之水”问世，这是迪奥推出的第一款男香。这款香水的创作手法新颖大胆，并首次将全新合成分子Hedione[②]（希蒂莺）纳入配方中，活力与优雅并存，令这款香水魅力十足，不仅受到女性欢迎，也赢得男性青睐。

清新香水的崛起

透过20世纪六七十年代的香水，可以看出新一代已居上风：传统的规范正在瓦解，欧洲的年轻人深受自由思潮的影响。埃德蒙·劳德尼茨卡的作品“清新之水”成功掀起了清新香水的风尚，影响了每一个香水品牌，兰蔻“绿逸”（罗贝尔·戈农，1969年）、“罗莎之水”（尼古拉·马姆纳，1970年）、“让·巴杜之水”（让·凯雷奥，1976年）、爱马仕“橘绿之泉”（弗朗索瓦丝·卡龙，1979年）、“纪梵希之水”（达尼埃尔·奥夫曼及达尼埃尔·莫里哀，1980年）等等相继问世。优雅而惬意的青绿香调，更精致地诠释着这些清新轻柔的香水，体现了年轻一代的嗅觉理想。女性逐渐解放，她们坚持只为自己、只为取悦自己而用香水。姬龙雪“斐济”（约瑟菲娜·卡塔帕诺，1966年）、香奈儿“十九号”（亨利·罗贝尔，1971年）以及爱马仕“亚马逊”（莫里斯·莫兰，1974年）都是这场青绿香调浪潮中的一员。同样还有雅诗兰黛的“爱丽格”（1972年）

---

① 调香盘：原文用词为“palette”，指的是调香师在调香时选用香味成分的组合或范围，就如同画家作画时在调色盘上挤出各种需要用到的颜料。

② Hedione：芬美意注册产品名，化学名为二氢茉莉酮酸甲酯，详见第3章中的“合成简史”部分。

和露华浓的“查理”（1973 年），这两款香水都是弗朗西斯・卡马伊针对美国市场调制的。迪奥的“迪奥蕾拉”（埃德蒙・劳德尼茨卡，1972 年）以及香奈儿“水晶恋”（贾克・波巨①，1974 年）则处理得更通透清脆。相对地，在美国香水业内，力度、持久度和扩散度依然是香水的必备要素，倩碧的“芳香精粹”（伯纳德・钱特，1971 年）就是明证。这款西普香水个性张扬，其香调架构的核心是广藿香 – 玫瑰谐调。

新一代消费者

青少年市场的开拓，主要得益于卡夏尔于 1978 年推出的“安妮安妮”。莎拉・穆恩为该香水所拍摄的广告照片中呈现出一派朦胧景象，突出强调了由白色花朵、风信子、百合以及忍冬组成的复合花束香调。在大众零售市场，欧莱雅发布了青春香水系列，包括大热的“清新芬芳”（1975 年）和“东方”（1979 年）。借着此前成功作品的势头，如卡朗“为他而生”（埃内斯特・达尔特罗夫，1934 年）、罗莎“胡须 ”（埃德蒙・劳德尼茨卡，1948 年）、香奈儿“绅士”（亨利・罗贝尔，1955 年），男性香水市场总算发力。六七十年代，娇兰“满堂红”（让 – 保罗・娇兰，1965 年）的琥珀②香调与迪奥“清新之水”形成鲜明对比，而法贝热“百露”（卡尔・曼、埃内斯特・希夫坦，1964 年）、帕高“帕高男士”（让・马特尔，1973 年）、阿莎罗“阿莎罗男士”（热拉尔・安东尼，1978 年）则是坚持自身个性，融合馥奇香调，彰显男性气质的典范之作。

---

① 贾克・波巨：此处似为笔误，1974 年推出的“水晶恋”其调香师应为亨利・罗贝尔；1993 年“水晶恋”由贾克・波巨重新调制，并以另一浓度版本推出。

② 琥珀香调（amber notes）：参见本书术语表中“Amber（琥珀）”词条。

20 世纪八九十年代

从一种过剩到另一种过剩

20 世纪 80 年代是“过剩”的十年：除了让自己高人一等，再没有什么能够满足早已见惯不怪的西方精英阶层，金钱、性爱，以及造作地追求田园生活，是该阶层普遍的执念。这个时期的香水业呈现出巴洛克风格的富丽堂皇，以圣罗兰的“奥飘茗”（让－路易·西厄扎克，1977 年）为发轫，也是这款香水将香水业带入了市场营销的时代。卡地亚的“唯我独尊”（让－雅克·迪耶内，1981 年）、迪奥的“毒药”（爱德华·弗莱希耶，1985 年）、香奈儿的“可可女士”（贾克·波巨，1984 年）都是充满魅力的，且具有鲜明、浓郁和复杂香迹[①]的东方调香水。而与之相

① 香迹：法语 sillage，在香水术语中，指香水使用者走过后，在空气中留下的香水的“痕迹”，如同船行过水面，在船尾后方留下的水痕。

对的，则是适合年轻女性的卡夏尔的“露露”（让·吉夏尔，1987年），以及男香市场上的圣罗兰“科诺诗”（皮埃尔·布尔东，1981年）或迪奥“华氏温度”（让－路易·西厄扎克及米歇尔·阿尔梅拉克，1988年）。90年代则与香水味浓郁强烈的80年代形成鲜明对比。在80年代的“过剩”之后，蔓延的艾滋病在文化上为这十年刻下了印记，也夺走了许多生命，其中还包括一些公众人物。一些人把这场疾病视作神的惩罚，引发了焦虑，促使人们寻求纯净与卫生，以进行象征性的治疗，洗护用品市场上的多芬（Dove）和Sanex①就是例证。轻盈透明香气的出现标志了90年代的嗅觉底色，其中棉花般轻柔温暖的麝香调让人想到清洁与卫生，而海洋香调则令人追忆起永远错失的原始天堂。雅男仕的“新西部男士”（阿里·弗雷蒙，1988年）以及“新西部女士”（伊夫·唐吉，1990年）最先将这种潮流带入香水业界。随后的高田贤三的“毛竹”（克里斯蒂安·马蒂厄，1991年）和“晨曦之露”（安托万·利耶及让－克洛德·德尔维

迪奥真我

1999年推出的迪奥“真我”由卡莉斯·贝克尔调制，花香调中加入一丝甜李子果香营造出变化，是香水业历史上最畅销的香水，可与香奈儿“五号”比肩。在嗅觉和象征层面上，这款香水都娴熟地把握住“完美的多面性”，因此大获成功。这款香水于20世纪90年代末在全球范围内发布，希望吸引不同香味文化中有时品味相去甚远的消费者。卡莉斯·贝克尔完美地串联起花束香调与甜李蜜饯的果香调，调制出一款圆润又玲珑多面的香水，受到不同市场的青睐。香水的广告模特是卡门·凯丝，她步入一池金色的水中，说道：“我不能。我不能拒绝。我不能拒绝诱惑。我能触到它。追求自己所渴望的有错吗？我只要最好。生命不是黑与白，生命是金。许愿就成真，活出真我！”这则广告表达出多重内涵，传递出香水背后的梦幻，从中我们可以解读出弥达斯神话②以及象征基督教洗礼的意味。在第三个千年到来之际，迪奥的品牌精神浸润了真我，许诺开启一条坦途，通向物质与精神的黄金时代。

---

① Sanex：高露洁－棕榄旗下的多品类个人卫生和护理品牌，暂无中文译名。

② 弥达斯神话：弥达斯（Midas）又译作迈达斯，是古希腊神话中的国王，以巨富爱财著称。弥达斯向神许愿成真，获得点石成金的能力，却不慎触碰自己的女儿，将她变成黄金雕像。国王十分后悔，再次祈求神明并按神的指引，在河中沐浴，将点石成金的能力转移给了河流，河床上的沙砾则全都变作黄金。

尔，1992 年），以及三宅一生的“一生之水”（雅克·卡瓦利耶，1992 年），这些香水都十分畅销。在当时，日本设计师简约的设计风格风头正茂，这些简约风格的香水，最终建立起一种全新的嗅觉演绎，这种趋势将长盛不衰。其中标杆性的作品有阿玛尼的“寄情女士”（爱德华·弗莱希耶及弗朗索瓦丝·卡龙，1995 年）和“寄情男士”（阿尔贝托·莫里亚、安妮可·梅纳尔多、安妮·比尚蒂安及雅克·卡瓦利耶，1996 年）以及阿莎罗的“铬元素”（热拉尔·奥里，1996 年）。

更开放的市场

和之前的年代相比，有一种做法在 20 世纪 90 年代变得更加普遍，那就是同时推出男女士香水。积歌蒙似乎是第一个采取这种做法的品牌，1991 年它同时推出了“黑晶”男女士香水。“寄情”（有男女香两款）、“一生之水”（有男女香两款），以及“优客男士”（大卫·阿佩尔，1995 年）和“优客女士”（乌尔苏拉·汪戴尔，1997 年）也是此类做法的产物。

尽管像“白金男性”（弗朗索瓦·德马希和贾克·波巨，1993年）、“优客男士”这样的馥奇调香水依然占据男士香水市场的主流，但东方调香水也开始崭露头角，例如香奈儿的“自我”（弗朗索瓦·德马希和贾克·波巨，1990年）、圣罗兰的“奥飘茗男士”（雅克·卡瓦利耶，1995年）、蒂埃里·穆勒的“天使男士”（雅克·于克利耶，1996年）以及雨果波士的“自信”（安妮可·梅纳尔多，1998年）。青少年市场也开始扩大，1994年卡尔文·克莱因的“CK唯一”（阿尔贝托·莫里亚及阿里·弗雷蒙）——一款洁净无瑕的白麝香古龙水问鼎畅销香水榜单。其广告宣传中出现上千张崇尚垃圾摇滚文化的青年面孔，这些青年来自不同种族，有着中性外形和模糊的性别特征。简而言之，这是一种反抗，挑衅着卫生准则，是一次在被上天惩罚的社会里透露着矛盾的欲望的呼喊。女士香水市场上，带有果香或东方变调的花香调也代表了这十年的特点。甜美的东方调香水包括：迪奥的“沙丘”（让-路易·西厄扎克，1991年）——一款以木质、青绿的香草为主调的香水，其中的中国橘气息带来转折变化，让·保罗·高缇耶的“经典”（雅克·卡瓦利耶，1993年）——一款有着粉质感和浓郁香草味道的橙花香水，还有香奈儿的“魅力”（贾克·波巨，1996年）。在花果香调香水中，有兰蔻的“珍爱”（索菲亚·格罗伊斯曼，1990年），核心香调是玫瑰，以桃香做修饰；圣罗兰的“恋恋情深”（让-克劳德·艾列纳，1998年），有着葡萄柚和黑醋栗的谐调；还有迪奥的“真我”（卡莉斯·贝克尔，1999年）。在透明感香水主导的大环境中，两款风格异类、剑走偏锋的香水在1992年横空出世，时至今日依然为其后的主流与沙龙香水奠定基础，它们就是蒂埃里·穆勒的“天使”（奥利维耶·克雷斯普）和资生堂的“林之妩媚”。后者由克里斯托夫·谢德雷克与皮埃尔·布尔东合作调制。1995年，让·保罗·高缇耶推出“裸男”（弗朗西斯·库尔克伊安），颠覆传统地演绎了馥奇调，注定这款香水非常受欢迎，无论从销量还是香味探索上，都为男士香水勾勒出无人敢想的崭新地平线。

新千年至今

香水业走向全球化

在世纪之交，某些产品大获成功，为欧洲和美国香水业打开了全新市场：高田贤三的“风之恋”（奥利维耶·克雷斯普，1996 年）在俄罗斯市场上热销；拉夫劳伦的“花漾年华”（阿兰·阿尔岑贝格，2000 年）和汤米·希尔费格的“汤米女孩”（卡莉斯·贝克尔，1996 年）在墨西哥和巴西市场上热销；迪奥的“真我”、蔻依同名香水（阿芒迪娜·克莱儿-马里，2008 年）、香奈儿的“邂逅”（弗朗索瓦·德马希及贾克·波巨，2002 年）以及杜嘉班纳的“浅蓝”（奥利维耶·克雷斯普，2001 年）在中国市场上热销。而最近，西方品牌正适应中东市场，传统上中东消费者更偏好本土香水和时尚，为了吸引他们，香水品牌在产品线中加入了木质沉香调，而这种香调也逐渐获得西方消费者的青睐。高田贤三的“一枝花”（阿尔贝托·莫里亚，2000年）把市场再度带入浓郁厚重的香调中，紧随其步伐，一些香水逐渐走到台前，最终演变成“新西普”。香奈儿“可可小姐”（弗朗索瓦·德马希及贾克·波巨，2001年）率先开局，跟着入场的是“迪奥甜心小姐”（克里斯蒂娜·纳热尔，2005），在两位“小姐”的竞赛里，从名字到香味风格都正面交锋。渐渐地，消费者的品位也再次转变，这一次他们偏爱更醇厚，尤其更像甜食的香水作品。在发布十年之后，蒂埃里·穆勒的“天使”登上法国畅销香水榜首，在当时全球化的香味画卷中，牢牢抓住了人们对甜食香水的胃口。而帕高的“百万”（克里斯托夫·雷诺、米歇尔·吉拉尔及奥利维耶·佩舍，2008年）大胆地把这一潮流带入男士香水市场。这个阶段甜食香一度主导了女士香水市场，而娇兰的“法式小黑裙”（德尔菲纳·耶尔克及蒂埃里·瓦塞尔，

香水与全世界的回响

在一个全球化的世界，使全球为之震动的悲剧性事件对一些在此事件前后时段发布的香水来说，也许会产生消极的影响，也许会产生积极的影响：迪奥的“更高”（奥利维耶·吉洛坦及奥利维耶·佩舍）于2001年上市，彼时世贸大厦遇袭的创伤尚未抚平，这款香水销量惨败；雅诗兰黛的“霓彩伊甸”（卡莉斯·贝克尔）发布日期就在2004年海啸发生前，灾难席卷了众多风景优美的海滩，而这款香水的视觉图像也不幸与之形成映照①。与之相反的香水，则有高田贤三的“一枝花”。这款香水的标志图案是虞美人，一种在战场和废墟率先绽放的花，于2001年传递出希望。虽然这款厚重的东方调香水和当时流行背道而驰，但透明瓶身以及本身无香味的虞美人花却令人心安，暗示着香水的轻盈空灵。明艳又抚慰人心的视觉图像，造就了这款香水的巨大成功。

---

① 这款香水的平面广告是翻涌的蓝色波浪，与海啸的巨浪相似。

2009年）以樱桃香调为特色，连同朱莉娅·罗伯茨用笑容代言的兰蔻“美丽人生”（安妮·弗利波、多米尼克·罗皮翁及奥利维耶·波巨，2012年）重新瓜分了市场。

沙龙香水之始

自20世纪70年代起，经专业品牌管理公司的监督，在授权许可下制造香水的模式极大地得到推广，成为主流。同时，专注于制造化妆品和香水的集团，例如雅诗兰黛、欧莱雅、普伊格、资生堂、娇韵诗，发展出内部许可业务。2017年美国企业科蒂成为全球香水业内的领先者。21世纪初，被我们称为“沙龙”[①]的香水屋的影响力也与日俱增。这种影响是渐进的，但却是决定性的。然而，从20世纪初起，时装屋的光芒一个接一个盖过了香水屋成为赢家，在这场品牌形象的竞争中，视觉成为主要的传播方式，这也是香水屋无能为力之处。19世纪成立的香水屋中，只有娇兰和香榭格蕾幸存下来，至20世纪末，市场完全由时装和化妆品公司占据。这些时装和化妆品品牌更多依赖于视觉而非嗅觉，在人们看来与之相对的，则是从60年代及之后慢慢浮现的沙龙香水屋，例如成立于1968年的蒂普提克，成立于1976年的阿蒂仙之香，成立于1980年的安霓可·古特尔，成立于1989年的尼古莱，等等。1992年，“皇宫沙龙”[②]成立。2000年，塞吉·芦丹氏（Serge Lutens）自己的香水屋成为典型的沙龙品牌。一方面参考19世纪制香的风格（简洁的香水瓶，香水名标示香水的主要原料，如：阿蒂仙之香的“黑莓缪斯”和“绿夏清茶”；芦丹氏的“琥珀君王”和“罪恶晚香玉”），另一方面也回归19世纪的营销做法，尤其是突出精品店的重要性，不采取以公关营销为核心手段

---

① 沙龙：原文为“niche”，在商业用语中一般翻译成“利基”，指针对企业优势细分出来的市场。本书按香水业惯用语，翻译成“沙龙”。

② 皇宫沙龙（Les Salons du Palais Royal）：资生堂聘请塞吉·芦丹氏在法国巴黎成立的独立、高级香水品牌，位于皇宫花园（Jardins du Palais Royal）附近，后品牌更名为Serge Lutens，店址未变。

的广告宣传。通过追溯香水业曾经的风尚——当时尚未借助图像与故事展现香水，沙龙香水屋建立了一种潜在而纯粹的表达，透露出一种专业性、一种不会受严格利润目标所限制的创造力，以及对过往传承的一份敬意。在这些影响深远的香水屋出现之后，其他香水屋也应运而生，拥有自己特定的市场定位：格调高雅又书卷气息的馥马尔、肆意妄为又多姿多彩的解放橙郡、极简主义又从容自若的香水实验室，以及精巧繁复又性感撩人的凯利安。这种细分市场带来了一种新的经济模式，打破了过去巨头集团对市场的垄断。与此同时，在创作领域，像此前的埃德蒙·劳德尼茨卡一样，一些调香师开始了独立调香，奥利维娅·贾科贝蒂就是先行者之一。今天，虽然其中一些香水屋已被如雅诗兰黛、欧莱雅、路威酩轩（LVMH）这样的大集团收购，但是到2016年，沙龙香水屋新发布的香水数量已经超过了其他商业品牌，也引发了人们对这种市场定位未来的担忧，所有的从业者都相信市场已经饱和。虽然长久以来形成的香水营销惯例正在被打破，但香水行业面临新的议题：诱惑让位于自我主张，受困于日益上涨的财务风险，被过去20年来通行的消费者测试所局限，香味流行趋势的演进十分迟缓。尽管如此，在一个愈发国际化的市场中，个性而私人化的体验依然塑造着我们的品位，这些体验与童年、与标注我们人生的嗅觉情感相联。南美、中东、亚洲和非洲如今都发挥着各自的话语权，全新的香型方案尚待提出，从市场的这些根本性转变中，我们可以想见，全新的创意模式即将到来，将会得到全世界的欢迎。

第3章

RAW MATERIALS

香水的原料

本章作者：德尔菲娜·德·施瓦特
奥利维耶·R.P.大卫
埃莱奥诺尔·德博纳瓦尔

天然原料

香水由许多种成分调制而成，一类主要成分是天然原料。对天然原料的应用有着悠久的历史传统，主要从产生芬芳物质的植物中获取。每种植物都可能包含数百种芳香成分，最终构成该种植物的气味精华、特色和香魂。法语里的“nature parfumeur”（自然即调香师）一词就隐含了这些原料的来源。尽管在历史上，不少香料植物是在地中海盆地中发现的（位于大陆与海洋接壤处的格拉斯地区意外地成为种植这些作物的理想场所，因为这里夏季干燥而冬季寒冷[①]，且降水丰沛），但如今用于制造香水的植物已经遍植于全球。要扩大原料的“调香盘”，的确意味着环球旅行。首先，植物由根、茎、叶、树皮、花朵、果实和种子组成。根据品种不同，也许会用到其中的部分或全部。准确地说，柑橘类植物的叶、花和果实都可以单独使用，除柑橘类植物之外，种植一种作物通常只为其中一部分。许多自然原料的收割通常由人工完成，而萃取过程通常在种植地（或附近）进行，因为植物原料会迅速变质，有时候萃取流程中仍沿用千百年来的古老方式。尽管如此，在过去 20 年中，围绕着提升原料产量和质量的研究一直有增无减。

原料和成分的区别

简要区分这两个词：芳香植物是原料（花瓣、根、树皮等），根据萃取和处理方式，原料转而被加工为香水成分，形式有精油、净油或浸膏。

---

① 相对我国大部分地区，格拉斯地区的气温应为“夏季凉爽干燥，冬季温暖多雨”。在一年中，气温通常在 1 摄氏度（1 月）到 26 摄氏度（8 月）之间变化，极少低于 -3 摄氏度或高于 29 摄氏度。

柑橘与冷榨法

香柠檬

一切始于意大利南部的卡拉布里亚，冬日的太阳升至最高点的时候。这个拉丁学名为 *Citrus aurantium ssp. Bergamia* 的柑橘属植物的果实就是香柠檬，从 11 月到次年 3 月都有收成。圆形、青柠大小的水果有着厚厚的果皮，在成熟时会泛黄，人们用手从矮树上摘下果实，有时候还会戴上手套保护芬芳的果皮。果实被分拣、清洗和去皮。目的是要获取香柠檬的精华或者叫作精油，柑橘类植物果实的果皮有色

多用途的柑橘

20 世纪，人们发现了一种具有光敏性的物质——香柠檬烯（bergapten），这是一种天然存在于香柠檬果皮中的呋喃香豆素（furocoumarin），这种原料被用于日光浴加速晒黑。如今，这种物质被认为具有光毒性，因此通过有选择性的分子蒸馏法加以去除，让精油不再包含这种恼人的成分。

外层（在烹饪中叫作柑橘油皮[①]）的油腺里富含精油。

生产 1 千克（2.2 磅）的精油，需要 200 千克（440 磅）香柠檬果实。

香柠檬精油中，柠烯（limonene）、芳樟醇（linalool）和乙酸芳樟酯（linalyl acetate）含量高，因此香柠檬比柠檬更偏花香，同时还有些

冷压法小记

用到的植物部位
果实外皮

产品
精油

原理
通过去皮和压榨，精油从柑橘油皮的油腺中流出

使用对象
柠檬、香柠檬、苦橙、西柚、中国橘、青柠等

① 柑橘油皮：原文为“…which is contained in little sacks within the outer, coloured layer of the citrus fruit's pericarp: what is known, in cookery, as the zest”，其中“pericarp”意为果皮，为植物学用语，偏正式和学术化；而“zest”常用于烹饪语汇，特指柑橘外皮上有色含油的皮层，中文无专门对应词，故本书译作柑橘油皮。

许水果糖的感觉，让人想起格雷伯爵茶，因为这种茶正是以香柠檬调味。香柠檬横跨所有香族，是香水业内使用最广的成分之一。在清新的古龙水以及娇兰“一千零一夜”这样的东方调香水中，都能找到香柠檬。和香柠檬一样，香水业所有主要的柑橘香调，包括柠檬、苦橙、青柠、中国橘和西柚的精油都是通过冷压法萃取生产的。

冷压法

冷压法，顾名思义，不同于蒸馏法，不需要任何加热。因此产品真实地还原原料的香气，不会发生变性，也不会出现因加热造成分子的变化。在过去，手工处理要用勺子刮擦果皮，然后用海绵挤压，如此海绵便吸附了原来包含在果皮（如柑橘油皮）油腺中的精华，当今的工业流程模仿了这些人为劳作和技术。事实上，有若干技术驱动了机械化的发展，同一工厂内可以提取柑橘类水果的精油和果汁，对果皮进行处理用于香水业，同时保留果肉用于榨汁和制成其他食品。对于处理香柠檬，最常用的机器被称为“去皮器”（pelatrice，见右侧插画），来源于意大利语中的动词“to peel”（去皮）：一整个香柠檬果实被丢入机器，机器内腔表面首先去掉所有柑橘油皮，然后针刺果皮以释放出油腺中的精华。所得到的是精油与水的混合物，然后通过离心分离将精油和水分开。

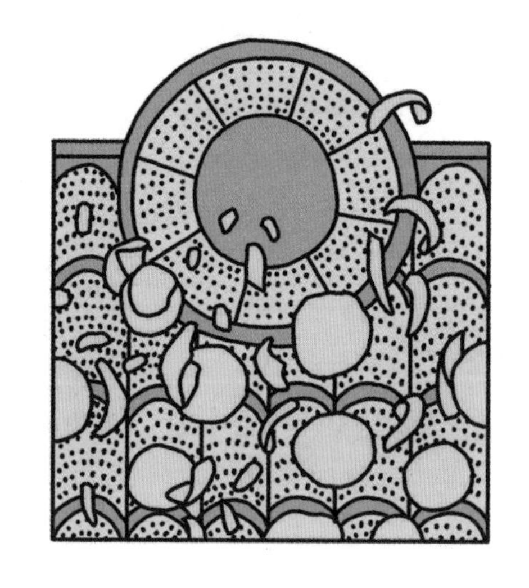

玫瑰与水汽蒸馏法

玫瑰

太阳在土耳其安纳托利亚[①]的平原上初升。在这里，*Rosa damascena* 或者叫作大马士革玫瑰，是女王。这种玫瑰和种植于法国和摩洛哥的 *Rosa centifolia* 或者叫作五月玫瑰[②]，是香水业中用到的两种玫瑰。分布

① 安纳托利亚 (Anatolia)：又名小亚细亚或西亚美尼亚，是亚洲西南部的一个半岛，在土耳其境内。

② 严格地说，*Rosa damascena* 的植物学中文正式名称应为“突厥蔷薇”，*Rosa centifolia* 则为“百叶蔷薇”；但在生活中，前者更普遍使用本段中的俗名“大马士革玫瑰”，且根据产地不同也称为“保加利亚玫瑰”或“土耳其玫瑰”，而后者有时俗称“千叶玫瑰”“摩洛哥玫瑰”以及本段中的“五月玫瑰”。

于田间的每一排，采摘者站在玫瑰花丛中准备采摘花头。玫瑰必须于清晨采收，从早上 6 点开始，此时露水还浸润着玫瑰，太阳的热力还不会让芬芳油挥发。完美的玫瑰应该是半开的，不是玫瑰花蕾，也不是盛开的玫瑰，因为这两种的精油产出都太低了。训练有素的手从花萼下方捏住花朵，翻转将花朵从花茎上摘下。随着采摘的进行，粉色的玫瑰丛也变成绿色。花朵会用黄麻口袋来装，这样不仅不会损伤娇嫩的花瓣，还可以透气。采摘一完成就进行称重，记录下每一位采摘者的采摘量以计算报酬，然后用卡车将收获所得运到数公里外的蒸馏场。玫瑰被倒进巨大的蒸馏器中提取精油。所得的精油呈浅黄色。

生产 1 千克精油，需要用到 4500 千克新鲜花瓣。

通常，玫瑰精油的芳香中有辛辣和绿意特征。也可以使用挥发性溶剂萃取法处理玫瑰，这样得到的产物是净油，和精油的气味有所不同。

水汽蒸馏法

水汽蒸馏法是制造香水成分最古老的方法之一。波斯人发明了这种方法，用来制造玫瑰水，后由中世纪的炼金术士加以完善。这种技术需要用到蒸馏器（alembic），“alembic”这个词源于古希腊词“ambix”，意思是“瓶”，蒸馏器常为铜制。蒸馏器由一个大容器以及容器顶上连接的曲管组成。将玫瑰倒入容器加水没过，在我们的例子里，比例为 1500 升水比 500 千克玫瑰。花与水的混合物煮到沸腾：蒸汽通过管道导入冷凝器。所得的液体是玫瑰花水与油的混合物，然后分装入“佛罗伦萨瓶”（Florence flask）中。浮在水面上的玫瑰油会被收集起来（组成最终产出的 20%），而剩下的玫瑰水会再次进行蒸馏。这个过程称为再蒸馏。由此产出的二道油（最终产出的 80%）具有不同的气味特征，具体而言，含有苯乙醇。两次的油经过滤，调和到一起制成玫瑰精油。

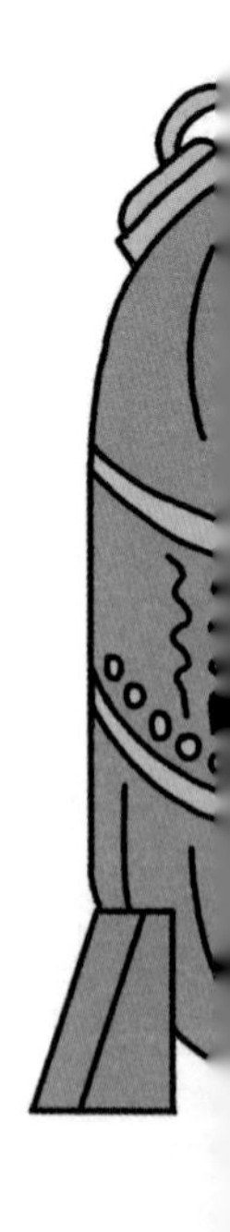

因为这种处理需要加热，在水煮过程中会生成人工产物，从原料中

分解得到的分子在花朵自然状态下是找不到的。换句话说，玫瑰精油和长在枝头的玫瑰绝不会有完全一样的气味。

水汽蒸馏法小记

用到的植物部位

花朵、种子、树皮、叶、根等

产品

精油

原理

植材与水混合在容器中加热。蒸汽将气味分子带出，经分离去除水得到精油

使用对象

玫瑰、依兰依兰、木兰、迷迭香、肉桂、广藿香、香根草、橙花（所得精油称为橙花油）

茉莉与挥发性溶剂萃取法

茉莉

茉莉原产于印度，用于香水业的有两个主要品种：*Jasminum sambac*[①]（又称阿拉伯茉莉）以及 *Jasminum grandiflorum*[②]（又称西班牙茉莉）。后者也种植于埃及——全球第二大茉莉出产国，此外意大利、摩洛哥和格拉斯也种植西班牙茉莉。

---

① *Jasminum sambac*：中国最常见之茉莉，常用于窨制茉莉花茶，中文下的香水、香精业内常称之为“小花茉莉”。

② *Jasminum grandiflorum*：中文学名为素馨花，中文下的香水、香精行业内常称之为“大花茉莉”。

在埃及北部，肥沃的尼罗河三角洲正是收获茉莉的所在。从 6 月至 10 月，人们从早到晚用手采摘花朵。精心对待每一朵盛开的花，不碰伤周围脆弱的花蕾，以便后续的采收。每位采摘者每天平均可以收集 2 到 3 千克花朵。花朵称重后，会被装进木箱里运送到提炼厂，赶在变质前被立即加工。茉莉花朵非常娇嫩，因此无法承受蒸馏的高温。从古时起，人们就更偏好采用脂吸法处理包括晚香玉在内的花朵。处理的过程是在托盘内安放一层常温无味的脂肪，将花朵埋入其中。当油脂浸染了花香（会替换新的花朵直到脂肪完全吸饱花香），在酒精中进行清洗（气味分子会溶解到酒精中），然后过滤得到净油。如今，这种耗时费力的方法已经被挥发性溶剂萃取法所取代，而加工最后的产物也是净油。

挥发性溶剂萃取法小记

用到的植物部位
花朵、种子、树皮、苔藓及树脂

产品
净油

原理
植材浸泡于大缸里的有机溶剂中，有机溶剂会将气味分子溶解带出

使用对象
茉莉、晚香玉、黑醋栗芽、水仙、鹰爪豆、银白金合欢、麝香葵籽、顿加豆、香堇菜叶片、橡树苔，以及可蒸馏的花朵例如玫瑰和橙花，其净油能提供其他香调，从而补充调香师的调香盘

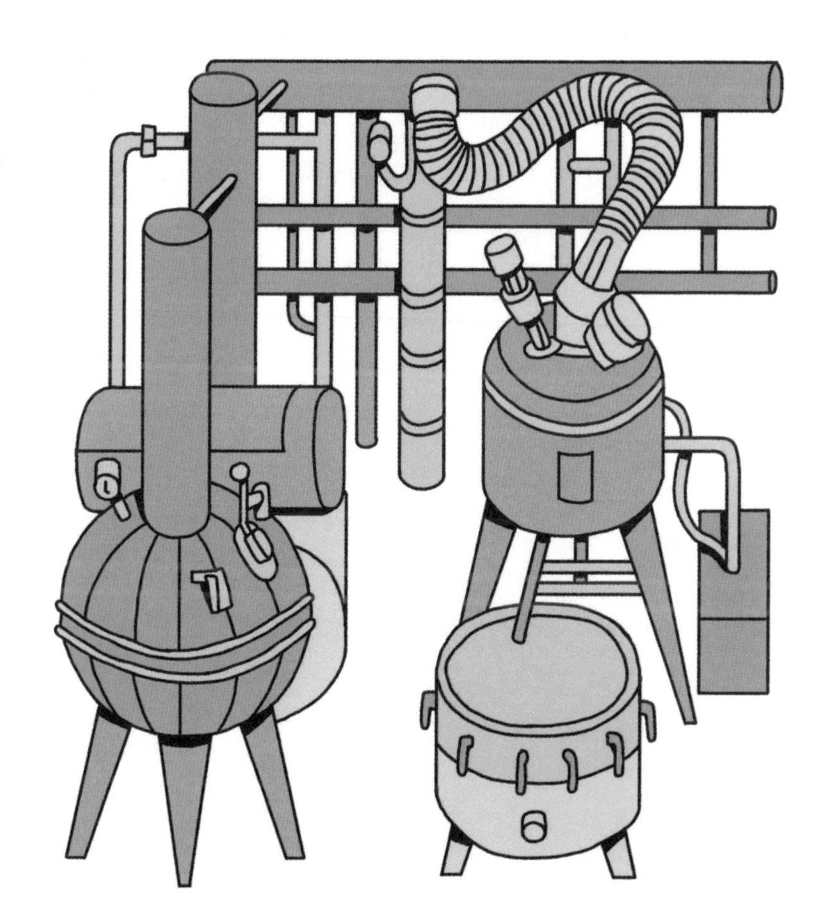

生产 1 千克净油，需要用到 400 千克埃及产的茉莉花。

相比产自印度的，埃及产的西班牙茉莉所提取的净油，果香与辛辣感都更弱，但也更具吲哚感（赋予一种更动物感的印象）。

挥发性溶剂萃取法

这种工艺是把花放入叫作萃取器的大缸里。为了避免植材被压坏，人们会将植材分层放置于可取出的组件上，就像一个个重叠在一起的圆形隔层，然后将材料浸入溶剂中。以茉莉花为例，会用天然易挥发的乙烷，将气味分子从植物中带出。经过三次低温冲洗，获得尽可能多的芬芳化合物。

然后，从萃取器中取出装有抽掉了气味分子的花朵的隔层。将浸染香味的溶剂收集起来，然后在真空中煮沸。溶剂比植物中萃取出的原料更容易挥发，随着溶剂的挥发，最后剩下脂状物，其主要成分是饱含植物气味分子的蜡质，这种脂状物静置在室温中会凝固。如萃取花朵，这种脂状物叫作浸膏；如萃取干燥原料（根、苔藓），则叫作胶脂。

在浸泡罐中用酒精冲洗浸膏并澄清，气味会溶解在酒精中，蜡质和脂质物却不能与酒精融合，因而可以先冷却（蜡质会在低温下变成固体）然后过滤去除掉。最后，在真空浓缩器中去掉酒精，剩下的就只有清澈的液体，称为净油。

鸢尾与涡轮蒸馏法、分馏法

鸢尾块茎

香根鸢尾（*Iris pallida*）原产于佛罗伦萨，种植在意大利的橄榄树与葡萄树荫下。鸢尾产业曾经备受挑战，岌岌可危，如今天然原料企业在法国南部尤其是罗讷河口省种植鸢尾拯救了这个产业。鸢尾植株需要在地里生长 3 年，因为香水业中使用的部位仅有鸢尾的块茎，而块茎需 3 年才能完全长成。在第 3 年末，鸢尾的花葶与茎被砍掉，块茎的收获从 6 月持续到 8 月。在大型种植场，如今已经无须人工，而是使用农业机械从地下掘出鸢尾块茎。块茎经过清洗、干燥后切除旁生的根，在室外风干数日。此时，块茎中的鸢尾酮含量还不高，正是鸢尾酮分子造就了鸢尾的香气。再经 3 年的陈化，让鸢尾酮的前体[①]氧化。在此期间，鸢尾块茎装在木箱中以隔绝其他物质，并储藏在 30 摄氏度的环境中。

当鸢尾酮的浓度提高，块茎会被磨碎然后进行涡轮蒸馏。所得的成分称为鸢尾脂。鸢尾脂又被称为鸢尾浸膏。这是一种固态的精油，因为外观与溶剂萃取法的产物相似，被误称为浸膏。鸢尾脂含有约 15% 的鸢尾酮。

生产 1 千克的鸢尾脂，需要用到 500 千克的干燥鸢尾块茎。

鸢尾脂会再次加工，通过分馏法提升最终产品中的鸢尾酮浓度（高达约 60%），即人们所知的鸢尾净油。

生产 1 千克的鸢尾净油，需要用到 4 千克的鸢尾脂。

漫长的生长、陈化时间和萃取流程，让鸢尾净油成为调香师调香盘中极为昂贵的成分之一。鸢尾的香调介于花香和木香之间，粉感强烈而持久。

涡轮蒸馏法

涡轮蒸馏法是水汽蒸馏法的替代方式，在水汽蒸馏法耗时过长以及精油会因加热受损时采用，通常针对种子以及根部（采用水汽蒸馏法制

---

① 前体（precursors）：又称前驱物。在化学领域，前体是在代谢或合成途径中位于某一化合物之前的一种化合物。

涡轮蒸馏法小记

用到的植物部位
种子、根和木材

产品
精油

原理
植材浸泡于带桨叶的大缸中，桨叶搅拌植材并加速蒸馏过程

使用对象
鸢尾、八角茴香、芹菜籽

备鸢尾脂需要耗时30小时）。将原料置于装有沸水的大缸中。大缸底部旋转的桨叶，让设备在蒸馏时可以加入混合动作，搅拌并打散原料。通过增大原料与水蒸气的接触面积，缩短蒸馏时间且使产出更佳。如使用传统的水汽蒸馏法，水蒸气无法蒸出鸢尾原料的油脂。蒸汽经浓缩后收集到另外的容器中，水油分离得到精油。

分馏法

分馏法又称精馏法，是依据沸点的不同提取化合物中的不同成分的方法。例如，设想我们将鸢尾脂放入缸中，逐步升高混合物的温度，在各个阶段我们可以收集到原来鸢尾脂中的分馏物。

分馏物经过化学分析然后调和去除掉不想要的分子，从而提升某些成分的浓度。对鸢尾而言，目的是提升鸢尾酮的浓度。

分馏法小记

用到的植物部位
种子、根和木材

产品
主体分馏精油

原理
精油经过再次有针对性的蒸馏，去除掉产品中的某些成分，从而提升其他成分的含量

使用对象
鸢尾、胡萝卜籽、广藿香

波旁香草与超临界二氧化碳萃取法

波旁香草

现在我们启程前往位于印度洋的马达加斯加岛。该岛生产的香草占全球供应量的 75% 以上，收获季是 5 月到 9 月。肥沃的土壤、高湿度和可用劳动力，这些因素让此地成为培育香草豆荚的理想场所。

所谓的波旁香草是扁叶香子兰（*Vanilla planifolia*）的果实，该品种是原产于亚马孙的一种兰花的直系品种。18 世纪在中美洲和西印度群岛出现了关于这种植物最早的记录，19 世纪它被移植到留尼汪岛，之后被称为波旁香草，因为法国大革命前该岛被称为波旁岛。

这种兰花是高度进化的物种，其生殖系统有严格选择性而且复杂：其雄性和雌性器官被花药盖分开，除非获得协助使二者接触，否则受粉是不会发生的。在亚马孙地区，这项工作由当地昆虫（特别是麦蜂属的无刺蜂）来完成；在印度洋地区，人类必须插手。

手动授粉后，花茎需要大约10个月时间长成豆荚。即使在成熟时豆荚依然是绿色，摘下后焯水，然后在阳光下铺开，并定期翻动，以免过热，夜间用被子包裹，置于木箱贮藏使其通宵出水。这会激发酶促反应，接下来的15天，豆荚会交替经历日晒和覆盖贮藏。随后豆荚被放在架子于户外阴凉处再次风干15天。变成棕色的豆荚最后捆成一捆，送至萃取工厂。

香草豆荚被碾碎，经过数次浸软和萃取处理，包括能够原汁原味重现豆荚芬芳的二氧化碳萃取。

生产1千克的二氧化碳萃取物，需要用到18千克豆荚。

二氧化碳萃取物富含香兰素（这种分子造就了香草香味的典型特征，如今已经可以合成并用于无数餐饮和香味产品中），能带来写实的食物香气，非常接近真正的豆荚。经过贮藏的豆荚具有皮革、辛香料和蜜饯的香调。香草是东方调香水的特色。

超临界二氧化碳萃取法

超临界二氧化碳萃取法是20世纪70年代开发的技术，主要用于脱咖啡因。其工作原理是将二氧化碳压缩至液态。在这种超临界状态下，二氧化碳充当了选择性溶剂，将能溶于其中的化合物提取出来。

收集好化合物之后，便降低气压，使二氧化碳重新变为气体，这样不会在萃取物中有残留。无味、无污染、无毒，超临界二氧化碳作为环保可行的有机溶剂替代品（如正已烷），正越来越多地用于植物萃取。

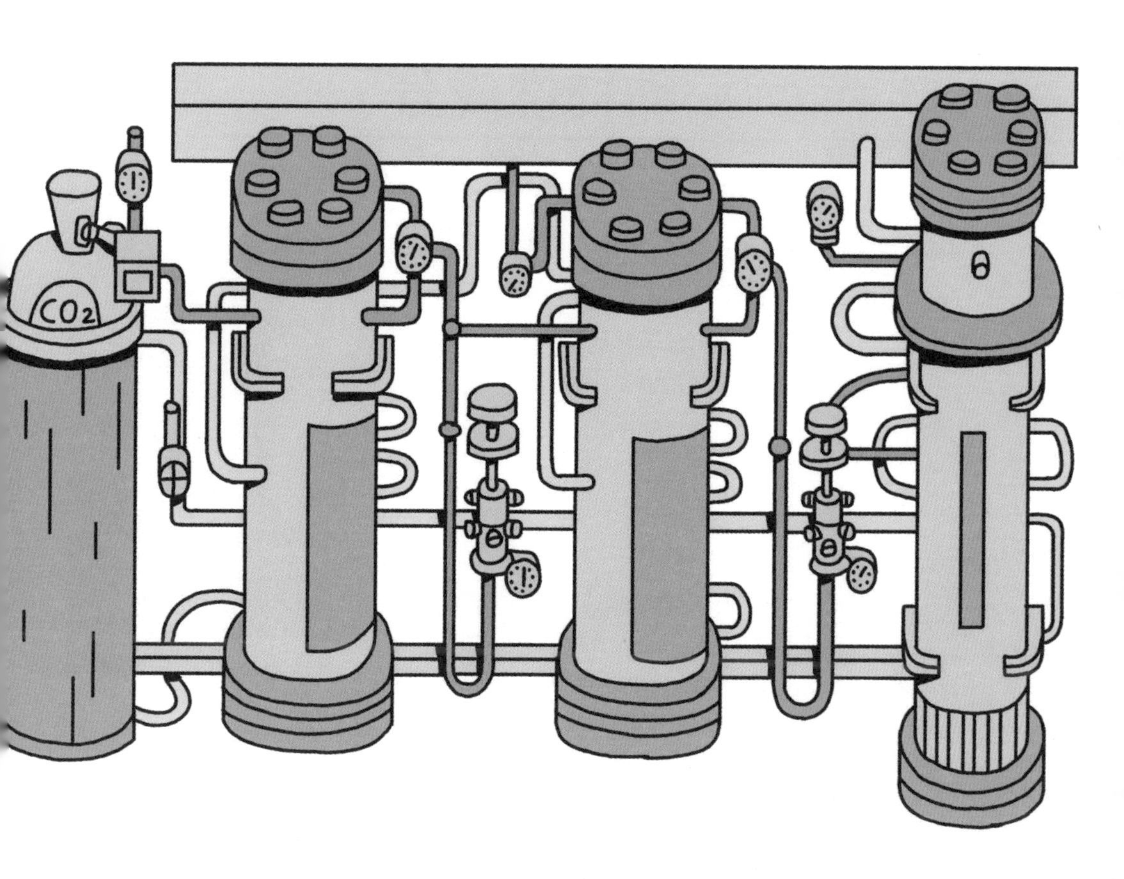

这种工艺是在相对较低的温度下（低至 31 摄氏度）进行的，气味化合物不会受到高温影响，因为高温会使热敏分子变性。秉承绿色化学的原则，同时也忠于植物原有的气味特征，超临界二氧化碳萃取法目前在业界广受好评。由于这种方法只需要压缩气体，其较低的能耗成本也是其不容忽视的优势。

超临界二氧化碳萃取法小记

用到的植物部位

浆果、根和干性材料

产品

二氧化碳萃取物

原理

被压缩的二氧化碳充当溶剂，提取出植材中的气味化合物

使用对象

香草、粉红胡椒、小豆蔻、姜

动物性成分

植物王国并不是天然原料唯一的传统来源。动物性香材长期以来一直是香水配方中的组成成分，令香味更加持久。动物性香材一共有 6 种。昂贵而且大多数情况下饱受生态学家的批评，如今这些成分用得越来越少，尽管还有些依然在售。

龙涎香（Ambergris）

龙涎香是抹香鲸产生的结石。抹香鲸食用大王乌贼时，消化系统的内层会被乌贼的喙划破造成损伤。为了愈合伤口，抹香鲸会分泌一种物质，这种物质被自然排出体外后，在海上漂浮，直到被渔人找到。如果不是在水中漂浮一段时间，其气味将臭不可闻。如今，这种昂贵得令人望而却步的材料已被大多数配方中的合成成分所取代，但在一些大品牌的经典香精中仍然可以找到。

麝香（Musk）

天然麝香，又称东京[①]麝香，取自原本栖息于亚洲的麝香鹿。当雄鹿处于发情期时，其腹部的一个腺体会充满一种带有强烈气味的分泌物，这种分泌物兼具动物性和木质感。麝香鹿的数量因偷猎者的大量捕杀而减少，现在麝香鹿受《濒危野生动植物种国际贸易公约》（CITES）保护，并进行人工饲养。中国已开发出不宰杀麝香鹿提取麝香的方法，但由于麝香鹿在人工饲养条件下分泌物较少，因此产量低。因国际禁令限制进口麝香，天然麝香在香水业内已不再使用，取而代之的是合成麝香。

① 东京：越南城市河内的旧名，在法属印度支那时代，“东京”常被西方人用来指代以河内为中心的越南北部地区，越南人称其为“北圻”。

蹄兔香（Hyraceum）

蹄兔是南非的一种啮齿动物，其尿液石化后就是香水业内极少使用的蹄兔香。蹄兔群居，并且在固定地点排尿。经年累月，尿液因结晶形成凝结物。提取并经酒精稀释后的蹄兔香又名非洲石，具有类似灵猫香的气味。

蜂蜡（Beeswax）

蜂蜡是由蜂巢采集而来。通过萃取和酒精提纯，生产1千克的净油，需要用到100千克蜂蜡。蜂蜡带有蜂蜜味，略带巧克力味，还含有水果与花朵的芬芳，让人想起金合欢花和鹰爪豆，隐约有一丝花束与烟草的气息。

灵猫香（Civet）

灵猫香来自同名的动物[①]，一种来自埃塞俄比亚的小型哺乳动物。灵猫香是一种膏状的肛门分泌物，最初会有排泄物气息。灵猫已实现人工饲养并用刮匙收集其分泌物。通过溶剂萃取与酒精提纯，膏状分泌物被加工成净油。4千克灵猫香可产出1千克净油。这种成分呈现出香甜与花朵香调，令人想到古董皮草。过去，灵猫香还用于香味鼻烟，而用在香水中则可让香味更持久。如今仍然允许使用灵猫香，但出于动物福利的考虑，正被逐步淘汰。

海狸香[②]（Castoreum）

海狸香来自河狸的腺体，河狸用它来润滑皮毛和标记领地。如今，偷猎河狸获取皮毛的行为已经减少，因而在加拿大和俄罗斯，河狸种群数量庞大，为控制种群数量过剩而捕猎河狸是合法的。收获的海狸香会以溶剂萃取和酒精提纯的方式进行处理。5千克海狸香可产出1千克净油。这种成分具有皮革香气，出现在许多经典的东方调香水中，也可用于制造带香草气息的食用香精。

① 灵猫及灵猫所分泌的、可用于香水制造业中的成分在英文中均为civet；译文按行业内通称，把这种香水成分称为“灵猫香”。

② 海狸香：按其来源应为“河狸香”，但香水业内该成分的通用中文名为“海狸香”，本书沿用此名称。

全新天然产品的迭代与创新

塞尔日·马茹利耶，曼氏

依赖于人类已经广泛探索的生物多样性，天然成分的调香盘似乎难再创新。然而，就像曼氏香精香料公司[①]的调香师塞尔日·马茹利耶为我们展示的那样，情况正好相反。配方公司力求创新，在调香盘上不断探索。由此，他们每年都开发新产品，为调香师和客户提供原创的、有着微妙差异的香味……但还不止如此。[②]

什么促使配方公司去开发一种全新的天然成分？第一个原因是每个公司都必须面对不断创新的挑战。我们每介绍一种全新的香味，调香师就会产生非凡创意：他们设想这种香气被运用于特定项目，与其他香气一起调和出原创的谐调，如此等等。每一种新成分都为全新作品创造机会。另外的原因则是应对市场趋势：我们有时候会开发出一种成分，它并不算是香味方面的重大创新，但是其背后有着有趣的故事，或者得益于一种“绿色环保”萃取工艺。还有可能是，法规禁止使用某种产品，那么新产品可以取而代之。此外还有流行的重要性：对美食调的狂热促使新鲜果香与干果香被纳入调香盘，我们要提供天然产品来迎合这种全新需求。

有没有与采购相关的原因？当然。恶劣天气、政治事件[③]等都会影响天然成分，导致其香气每一年都有所不同，因此配方公司曾一度停止开发天然成分。但天然成分再度流行起来，因为它们如此多面立体、独一无二。而且品牌非常喜欢宣传使用了天然成分，因此我们再次投身天然成分。为了确保供应，我们努力在我们的调香盘中囊括同种植物但不同产地的多项产品，从而做到有备无患。

① 曼氏香精香料公司（Mane）：1871 年创立于法国的家族式企业，为全球十大香精香料公司之一，以下简称“曼氏”。

② 本书各章节中的访谈由萨拉·布阿斯、安娜－索菲·奥伊洛及德尔菲娜·德·施瓦特完成。

③ 例如伊朗内战曾导致白松香的供应中断。

从发现一种成分到正式将其纳入公司的调香盘，流程步骤是什么？一旦确定了我们感兴趣的原料，我们会在实验室中测试不同的萃取方法。我们会寻求一种最好的方式，然后把成果给到调香师去确认其味道是否具有潜力。产品还要同步进行分析，确定是否包含过敏成分或者致癌成分。采购部门会研究原料采购的可持续性——是否能够获得足够的量。而物流部门则要考虑：如何运输原料，或如何把萃取工艺带到原料的生长地。他们会一起估算成本价格。如果以上步骤都能成功完成，才会开始实施大规模生产。这一整个流程通常需要三年，过程中充满了未知的障碍，大约 1/3 的开发项目最后都终止了。

你们每年开发多少种成分？在年份好的时候，大概两三种。实际上，如果每三四年我们能找到一种原料可以创造出原创香调，就是很好的结果了。大概每 10 年才会出现一种新的萃取法。

可持续发展，创新的推进器

朱丽叶·卡拉古厄佐格鲁，IFF

从耕作技术到萃取方法，再到与农民的接触，可持续发展推动着行业重新构想与天然成分相关的一系列实践操作。国际香精香料公司（IFF）的高级调香师朱丽叶·卡拉古厄佐格鲁详细介绍了莫妮克·雷米实验室（Laboratoire Monique Rémy，缩写为LMR）的不同创新领域。自20世纪80年代成立以来，这家来自格拉斯的小公司一直是可持续发展的先驱。2000年成为IFF的成员之后，它一直在不断发展壮大。如今它为IFF提供70%的天然成分。

在天然原料领域，可持续发展会带来哪些创新?

在LMR，可持续发展影响着产业链中的每一环节，我们希望能够掌握并尽最大努力优化这些环节。我们在格拉斯的9位农业工程师和植物生物学研究人员各自专注于一个平台——我们在印度、印度尼西亚、土耳其和普罗旺斯等地区有多个原料渠道，这样他们能够在这些地区建立强大且长期持续的伙伴关系。每周他们都会与包括我在内的8位调香师进行交流，这样我们就可以根据自己的需求来指导他们的工作。对于某种特定的植物，第一个挑战是选择品种：通过仔细研究每个物种，他们确定哪种对我们最有利。然后，从种植到收获，他们努力建立最佳的农业操作实践，在保护资源的同时提高原料的产量和最终质量。我们在格拉斯有一块试验田，在那里，我们先测试不同做法，然后再在适当的地区的现实条件下实战。然后，我们对农民进行新技术培训。例如，曾经土耳其当地人是采收盛开的玫瑰。然而，我们意识到，当玫瑰处于闭合状态、较少暴露在阳光下时，精油浓度更高。萃取阶段也是创新的温床：我们试图寻找最节能的技术，以获得最佳的产量。因此我们有许多成分获得了认证，例如Fair for Life（公平贸易认证）、FairWild（可持续野生采集认证）和Ecocert（有机认证）。

目前你们做了什么工作实现升级再造[1]？十多年前，LMR在Rose Ultimate[2]（终极玫瑰）上实施升级再造，让我们可以重复利用副产品，否则这些副产品最终会被扔进垃圾桶。例如，我们利用姜黄的叶子开发出姜黄精华：传统的萃取流程使用姜黄根茎，农民们把叶子扔掉，但事实证明它们具有宝贵的香味品质。在法国，我们从一家葡萄酒和烈酒桶制造商那里回收橡木木屑：我们利用这种副产品创造出一种带有烟熏味、奶味和香草特征的木质精华。

除了创造新成分外，你有没有参与过修改与天然原料相关的现有工艺流程？是的，当然。原料的萃取通常需要热能，因此会耗费大量能源。在马达加斯加，资源特别珍贵，我们尽量优化一切已有资源。例如，对于蒸馏后的肉桂树皮，我们把它晒干，作为下一次蒸馏的燃料。

这种可持续发展的方式为调香师带来了哪些新机遇？新的香调，包括我们许多标志性的内控[3]成分。可持续发展也带来了一种不同的思维模式：可持续发展背后的逻辑激发我们的好奇心，开启新思路，改变了天然产品几十年如一的处理方式。

---

① 升级再造（upcycling）：又称创新再利用，是将副产品、废旧材料、无用或不需要的产品转化为被公认有着更高质量的新材料或具备艺术、环境价值的产品的过程。

② Rose Ultimate：LMR公司的一种天然香味原料，原料为土耳其产的大马士革玫瑰，利用溶剂萃取法将水汽蒸馏后、通常会被丢弃的玫瑰花瓣进行处理而获得的。

③ 内控（captive）：参见本章“明日之香”中的“内控分子”一节及书后术语表。

马达加斯加，天然成分的独特试验场

苏西·勒埃莱，德之馨

天然成分往往是配方公司要直面的重大挑战，但它们也可以成为宏伟愿景的灵感来源。追求香味革新的渴望，建立并促进透明和持久供应链的目标，都驱动着这一愿景。马达加斯加是一处独特之地，生长着包括香草在内的大量芬芳植物，德之馨的团队就在该那里努力开发不同寻常的成分。调香师苏西·勒埃莱向我们讲述了与岛上小规模生产者紧密合作的故事，以及相关的问题。

将马达加斯加当作德之馨天然成分中枢的想法从何而来？我们登岛最初是因为香草。香草原产于墨西哥，自 20 世纪初开始在岛上种植，马达加斯加现在是全世界香草的第一大产地。2003 年我们的香料部门在岛上成立，2014 年我们开设了自己的萃取和蒸馏工厂。与此同时，调香师们也来到岛上，与我们合作的 7000 名小农户伙伴中的一些会面，去了解我们在当地如何开展多样化的工作，因为这块独一无二的土地是许多芳香植物和其他花草树木的家园。要知道，对当地人来说，香草作为一项收入来源，它的价格波动很大并且受到季节变化的影响：从 1 月到 7 月，一旦花朵授粉就只能等待了。但在此期间，还可以种植和收获很多其他东西！我们与农户组织建立了互信的纽带，致力于帮助他们充分利用自己的时间和土地。

这一承诺是如何转化为具体行动的？当我们到达岛上时，植物已经因其治疗功效而被广泛利用，尤其是以精油的形式使用。这意味着许多当地的蒸馏厂都在蒸馏灌木。我们在当地进行了第一次蒸馏测试，然后努力改进操作，使精油达到制造高级香水所需的嗅觉标准。我们想确定什么样的土壤类型最适合什么样的植物，需要多长时间来干燥，如何粉碎和萃取，等等。我们投资了土地和农场，在那里进行各种试验，这些试验对我们的产品研发有直接影响。过去五年，在调香师的指导下，这种学习技术的过程是与当地居民紧密合作进行的。而我们也因此研发出一整套的原料。

除了香草，在岛上还能找到什么？姜、肉桂、依兰依兰、香根草和广藿香，还有更多不寻常的成分，比如直到现在才被用于香水制造的粉红胡椒的叶子、红柠檬草和圣托马斯月桂（也叫西印度月桂）。还有就是胡椒，在新鲜时现场进行蒸馏，可以得到一种有绿意，类似香豌豆的香气精华。我们还有一种市面上独一无二的蜜橘成分，是通过人工压榨获取的，这就是我们在普通原料上带来原创性的一个绝佳案例。

你觉得这些举措的重要性何在？传统上，德之馨往往和化学以及技术联系在一起，而不是与自然相关。马达加斯加是我们在自然领域发展的支柱之一，是我们近几年来一直努力投入的战略。我们面临的挑战是如何扩大、改善和丰富我们的成分调香盘，同时也要给脆弱的供应链一个持久的未来，从而确保稳定的品质。这也意味着我们可以为客户提供真正透明和完整的产品溯源。长久以来，天然市场一直由贸易商把持，人们希望再次了解原料来自哪里，如何种植，是谁种植的。马达加斯加帮我们揭开了天然原料世界幕后的故事。

奥雷利安·吉夏尔来自格拉斯历史悠久的香水世家，他投身于家族事业之中，如今在高砂香料巴黎分公司任高级调香师。他也于2019年创立了自己的品牌"马蒂埃香水"。围绕着有可靠来源的关键原料，他专注于提供平实易懂的香水。

简洁，是极致精妙的体现

奥雷利安·吉夏尔，马蒂埃香水

你的品牌马蒂埃香水选择了怎样的路线？卡尤斯·冯·克诺林（Caius Von Knorring，曾任职于普伊格）、塞德里克·梅弗雷（Cédric Meffret，曾任职于IFF和奇华顿）还有我自己三人共同创立了这个品牌——我们有着共同的构想：如今的香水似乎愈发复杂、过度营销，有时损害了香水本身的品质。我们希望通过减少原料的数量、缩短配方表的长度来扭转这一状况。正如艺术运动中的极简主义一样，简洁是极致精妙的体现。以此为切入点，我"过量"使用核心原料。然后我的工作就是强调特定香调、调和其他香调，由此对核心原料进行润色打磨。我关注原料先于品牌。

你所称的"相关配方"（coherence formulation），以关键原料为中心是如何被付诸实践的？我的父亲，调香师让·吉夏尔有一种诗意的眼光。他态度温和。他说，同一地点生长的东西能很好地结合在一起。这是基本常识！以橙花为例，它既有花香也有果香。我用依兰依兰强调其白花的侧面。这是一种延伸。我不会创作互斥的谐调。在"不败玫瑰"这款香水中，我以藏红花和辣椒带出玫瑰的辛辣侧面，以广藿香和劳丹脂突出其木质。

你的另一个身份是农夫，并且自己种植五月玫瑰[①]……我的家族七代都是香水工匠。我在田野和原料

---

① 原文为 centifolia rose，参见本书第53页注释。

中间长大。传统上，格拉斯的香水工匠会自己种植原料，或者像贸易商一样从海外采购。2016年我注册成为农夫，成了一名Ecocert认证的有机种植户。我在2017年种下了自己的第一批玫瑰。就如年份好酒一样，当年的收成决定了每一瓶“不败玫瑰”香水的品质。作为一个调香师，我想不到有比这更有成就的实践了。

你如何确定选择你的其他原料？对我而言，创作行为始于采购。我总是问自己同样的问题：“这种原料是否足够迷人以至于我要大量使用？”配方表上的每一行都是我精心的选择，也是负责之举。这意味着我选择品质绝不妥协——我的配方的成本比沙龙香水业界提供的配方高出4倍。我很珍视最好的生产商。由此，我通过保证每年的订单数量，在整个行业建立诚信。

你的香水为谁而造？我们的香水有香迹、持久度和感染力。这是我们致敬顾客的方式。我创作的香水让所有人——不论性别——都能够“穿”上身。人们因为不理解而不再用香，我的香水就是为他们而造。我笃信类似20世纪80年代、香迹明显的香水。我认为人们都很好奇，想要理解自己所“穿”的香水。

亚洲是你品牌的全新市场，你觉得该市场在哪些方面特别能够接受马蒂埃香水？我非常相信，人或国家的品位无法简单归类。但我希望他们能接受我们的禁欲主义和纯粹形式，还有我们植根于风土[2]和真材实料的路线。

你是否认同香水行业的未来与有机种植和公平贸易休戚相关？我很确定。我觉得最重要的是，人类的未来取决于对自然的尊重。我认为如果不采取良性的方法，我们就无法达到特定的质量水准。通过种植有机晚香玉和薰衣草，我们很快会将这一理念付诸实施。

---

① 原文为法语词terroir，意指农产品（尤其是酿酒用的葡萄）在生长过程中所有环境因素的总和，例如气候、土壤、海拔、地理位置等。此处调香师是想以之类比其创作香水的原料也与每年收成直接相关。

合成原料

19 世纪末，摆脱了天然萃取物的束缚，现代香水业才宣告诞生，调香师们开始使用合成原料，这不仅拓展了他们的创造力，也让他们能应对更抽象的嗅觉形式。这些人造原料，不再只是萃取自动物或植物，它们可能与自然界中的成分完全一致，也可能是化学家的全新发明。18 世纪安托万 · 拉瓦锡创立现代化学，作为一门理性科学，它以精准计量为基础；19 世纪出现了化学物质的提纯技术以及对分子结构的解析。化学家由此可以从芳香原料中单独分离出气味化合物，将其一个个提纯，然后确定分子结构。一旦辨识出气味分子，就可进入第二个阶段：使用有机合成物进行生产制造，这种方式让人们可以通过其他简单和易于获取的化合物经化学反应重构气味分子。

伴随着欧洲工业化而来的是化学长足发展，一度稀缺而昂贵的芳香化合物首次得以大批量生产。同时，化学家也能按照意愿制造任何分子，通过前所未有的分子结构得到大量全新的气味化合物。对已知的化合物进行小小的改造，化学家就能为调香师提供气味特征稍有修改的产品或全新的气味。对调香师而言，这是革命性的变化，因为他们可以使用分离、纯净过的合成产品，质量稳定如一；换言之，调香师使用气味原料时，再也不必担心每一批作物收成之间的季节性差异。天然原料本身就已经是一种“复合花香”。调香师摆脱只能使用天然原料的束缚，便能超越花香模式，将一种抽象形式引入香水创作中。所以，使用合成原料被视为香水业步入现代阶段的标志。

气味的化学机制

合成物背后的原理

有机合成是化学的一个领域，是用更基础的元素构建一个分子。在工业背景下，它是指化学家利用设计好的化学反应，通过组装较小的化合物来构造一种分子。
化学家必须选择简单、廉价的化合物，与其他化合物配对，以制造所需的复杂分子，就像建筑工人通过组装砖块和预制混凝土砖来建造房屋一样。此外，还须对分子的某些部分稍加修改，使之符合特定的分子结构；化学家为此要进行一些调整。就这样一步步，分子被“编织”起来。

合成 β－香堇酮

在氢氧化钡［$Ba(OH)_2$］存在的情况下，柠檬醛（citral，在柠檬草精油中发现）和丙酮（acetone，用作洗甲水的溶剂），可以组合形成假性香堇酮。通过与硫酸（H_2SO_4，电池常用酸）反应，假性香堇酮可以形成环状化合物，所得到的 β－香堇酮与香堇菜[①]中发现的 β－香堇酮完全一致。

柠檬醛 + 丙酮 —氢氧化钡 / 脱水→ 假性香堇酮 —硫酸→ β－香堇酮

---

① 香堇菜：原文为 violet，在英语中泛指堇菜属（*Viola*）的所有种类，在香水工业中一般特指 *Viola odorata* 这个香味品种及该品种花朵所特有的香气。在 20 世纪初被误译为“紫罗兰”并沿用至今，但其规范名称应为香堇菜。

从实验室到工厂

化学家在实验室内进行着一些小规模的合成试验，每次操作仅几克，工业化的生产则涉及几千克甚至几吨，能供应众多调香师。工业化学家需确保大量的合成依然有利润，因而受到严格限制。反应步骤的数量必须保持在最少；所用原料必须充足而廉价，这些原料要么来自易于获得的天然产品如松节油，要么来自天然气和石油提炼的产物；使用的试剂必须是低毒性的，并尽可能减少废物产生。如此力求做到不可能的事情，就能解释为什么随着化学和生物化学的不断发展，合成工艺也在不断改进，即使是制造多年前就已成功合成的分子，例如香兰素，情况依然如此。

合成之初

从发现天然材料的嗅觉基本原理到创造新的分子，其间需要经历长期而昂贵的研究，要提纯通常价格昂贵的原料，并设计高效的合成手段，都需要花费数年时间。为此，香水原料供应商与大学实验室合作，充足的资金投入结合最新的科技知识，以补贴此类研究。18 世纪 50 年代至两次世界大战之间，化学界发现了一大批新的分子，这是科学家们在德国、瑞士、英国和法国等的主要研究中心研习的成果。在这些国家，专注有机化学工程的大学和机构相继建立。

随着二战爆发，美国和日本开始在化学合成中扮演越来越重要的角色。化学家们是如何在实验室里对分子进行工程设计，以创造新气味和新组合的？第一种被分离、被合成以及最终被发明出来的化合物分别是什么？

首批被分离的分子

在提炼芳香物质取得某些初步成功后，19世纪人们将许多化合物从天然原料中分离出来，并确定了化学特性。这是通过化学手段利用平价原材料重构这些分子所迈出的第一步。使用丁香提取物制造香兰素成为可能，从柠檬草精华中提取的柠檬醛也可以复制出香堇菜的香味。我们将在以下几页中了解更多信息。

百里香酚（thymol）

源自百里香油（1719年）

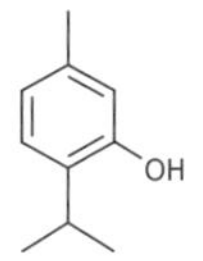

丁香酚（eugenol）

源自丁香（1827年）

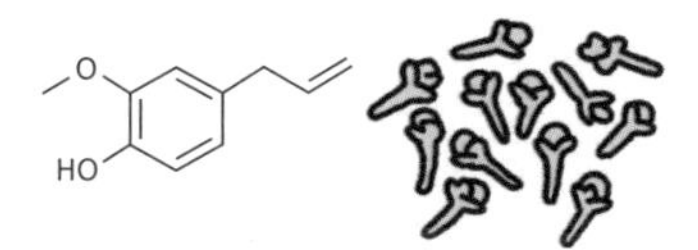

薄荷醇（menthol）

源自薄荷油（1771年）

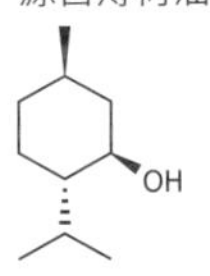

龙脑（borneol）

源自龙脑树（1840年）

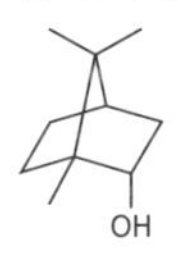

苯甲醛（benzaldehyde）

源自苦杏仁油（1805年）

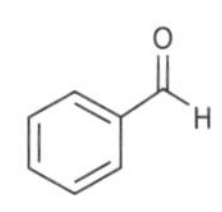

雪松醇（cedrol）

源自雪松油（1841年）

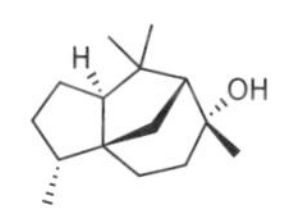

香兰素（vanillin）

源自香草豆荚（1816年）

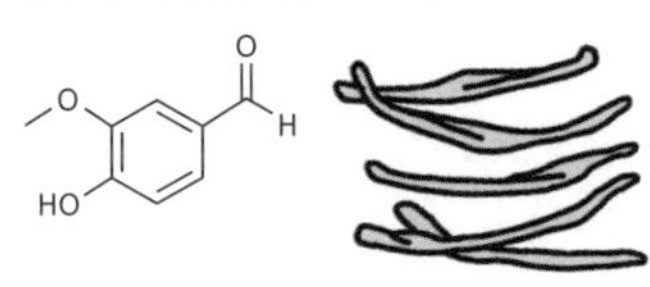

茴香脑（anethole）

源自茴芹及茴香（1842年）

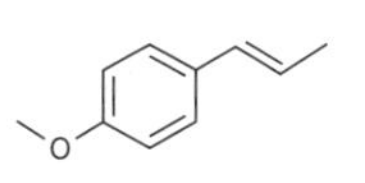

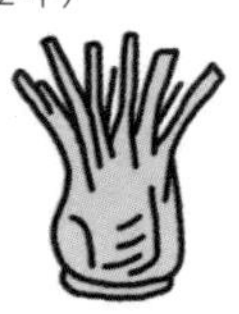

合成简史

天芥菜精（Heliotropin）

柔和的胡椒

天芥菜精，也叫作胡椒醛，有着一段独特的历史，因为它的发现过程恰好是一般情形的颠倒。大体来说，天芥菜精在自然界发现之前，就已经于实验室内被制造出来。在拆分胡椒的气味成分时，威廉·鲁道夫·菲蒂希与 W. H. 米耶尔克首次于 1869 年造出了胡椒醛，其完整的分子结构于 1871 年由威廉·鲁道夫·菲蒂希和伊拉·雷姆森公布。这种合成物的香味其实和胡椒大相径庭，却与天芥菜细腻、粉感的花香更加接近。1876 年，费迪南德·蒂曼和威廉·哈尔曼发现天芥菜中也的确有这种分子。很快，大规模化学合成天芥菜精变得切实可行，天芥菜精在 1879 年由席梅尔公司（Schimmel & Co.）推出。就像香豆素一样，天芥菜精的价格也一落千丈：在 1879 年到 1889 年之间，价格便宜了 8 倍，到 1900 年已比 1879 年刚推出时便宜了 100 倍。1906 年天芥菜精出现在雅克·娇兰调制的“阵雨之后”里，名声大噪；2003 年让 - 克劳德·艾列纳为馥马尔调制的“冬之水”中也能找到它。

1834 —— 1868 —— 1869 ——

硝基苯（Nitrobenzene）

刺激的杏仁

自 1834 年起，化学家们成功制造的硝基苯，是香水业内所使用的首个非天然存在的人工合成物。硝基苯常用名称是“苦杏仁油”，它有一种杏仁般的气味，而且非常稳定，意味着它是制作香皂的理想成分。遗憾的是，随后它被发现具有很强的刺激性并于几年后下市，导致“人工精华”在香水业内的使用饱受质疑和诟病。直到 1863 年，苦杏仁的香味物质才问世。爱德华·格里莫和夏尔·洛特研发出一种工业化生产苯甲醛的方法，该物质与苦杏仁中的香味物质相同，这意味着肥皂可以在无害的情况下释放芬芳。

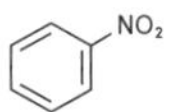

香豆素（Coumarin）

从干草到馥奇

随着香豆素的出现，合成原料在高级香水中才真正首次亮相。1856 年，弗里德里希·沃勒和尤斯图斯·冯利比希在顿加豆中发现了这种带有干草和烟草香味的分子。1868 年，威廉·亨利·珀金首次合成了它。当时香豆素仍然非常昂贵，调香师们使用的是从香蛇鞭菊中提纯的香豆素。1877 年，珀金与柏林大学的费迪南德·蒂曼合作，改进了工艺，使工业化生产香豆素有利可图。这给了保罗·帕尔凯机会，于 1882 年使用合成香豆素为霍比格恩特调制了“皇家馥奇”。生产工艺的持续改进，使得合成产品的价格越来越便宜，因此也让调香师大量使用合成香豆素成为可能。举例来说，在 1880 年至 1900 年间，合成香豆素的价格便宜了 8 倍，在低成本产品中使用这种合成物成为可能。

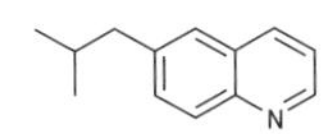

异丁基喹啉（Isobutyl Quinoline，IBQ）

雪茄味的分子

这种分子在自然界中并不存在，它有着皮革的香味以及带有泥土感的烟草气息。1880 年，兹登科·汉斯·斯克劳普发明了一种工艺合成这种分子。这种分子更广为人知的是其缩写 IBQ，最开始是作为 “Mousse de Saxe”香基的一部分进行售卖，这款香基是玛丽 - 特蕾莎·德·莱尔为德·莱尔调制的，并且用于埃内斯特·达尔特罗夫于 1922 年为卡朗调制的“圣诞夜”香水中。热尔梅娜·赛利耶以其无懈可击的调香首发驯服了这种强效分子不羁的灵魂，1944 年，她为罗拔贝格调制了传奇香水“匪盗”，在配方加入 2.5% 的纯 IBQ。

香堇酮和甲基香堇酮（Ionones and Methyl Ionones）

酸液中的香堇菜

经过对香堇菜精华的艰苦研究，化学家费迪南德·蒂曼和保罗·克鲁格（哈尔曼与赖默尔公司）意外地发现了一种可以制造香堇酮的方法。通过缩合柠檬醛与丙酮，二人获得了与天然香堇酮结构相同的产物，然而却没有香味。一名助理用酸液清洗玻璃器皿时，却嗅到了香堇菜的气息；因为有酸的存在，这种产物转变成了香堇酮。1893 年，工业量产香堇酮的专利获批，第一款混用合成香堇酮与天然香堇菜精华的香水——香榭格蕾的“紫罗兰”香水上市。人们还发现了拥有额外碳原子的香堇酮衍生物——甲基香堇酮，它同样有着美妙芬芳。这两种分子的技术性特征使之成了基础的调香元素，并且被各个公司冠以不同的名称推向市场，例如 Iralia（许伊与纳夫，现为芬美意）、Raldeine 以及 Isoraldeine（奇华顿）。

1874 —— 1880 ——

1888

鲍尔麝香

—— 1893—1894 —

香兰素（Vanillin）

林中豆荚

香草豆荚是一种极其昂贵的天然原料，促使人们进行了许多研究去找寻它所含有的气味化合物。费迪南德·蒂曼和威廉·哈尔曼终于在 1874 年成功确定了香兰素的真正成分，此前其同事数次研究失败。同年，他们成功地以松柏苷为原料合成了香兰素，而松柏苷存在于云杉树脂中。1875 年，哈尔曼与赖默尔公司的香兰素制造厂在霍尔茨明登市创立，生产合成香兰素，公司坐落于云杉林中，此地盛产合成香兰素所需的云杉树脂。次年，路德维希·赖默尔申请了一项专利，该专利采用不同的工艺，以价格低廉的化合物愈创木酚为原料合成，从而大幅降低了人工香兰素的价格。在 1876 年至 1886 年期间，价格便宜了 10 倍，到 1900 年，价格便宜了 75 倍。1889 年，艾梅·娇兰首次把香兰素引入高级香水中，香兰素是他创作的“姬琪”香水东方调底蕴的组成部分。

乙基香兰素（Ethylvanillin）

三重香草

恩斯特·舍林研发出了若干种分子，其分子结构与天然香兰素相比稍有变化，他发现其中一种分子在自然界中并不存在，却有着强劲的香草芬芳。他于 1894 年为乙基香兰素申请了专利，后来雅克·娇兰在 1925 年调制的“一千零一夜”中大剂量地使用了乙基香兰素以及天然香草精华。

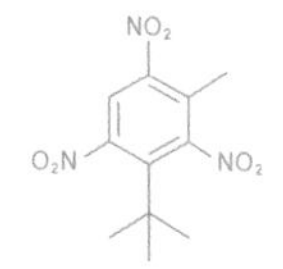

❶ 鲍尔麝香（Musk Baur）

人造硝基麝香

18 世纪自然科学家对人工麝香做了研究，紧随其步伐，阿尔伯特·鲍尔在 1888 年申请了专利，专利内容是制备一种模拟东京麝香酊剂的麝香效果分子。次年，这种比天然麝香便宜不少的硝基麝香就被调香师用作香水的基调了。这种原料是香水业内首个完全人造的产品。德·莱尔在法国生产这种原料，而阿尔伯特·鲍尔创办的芙罗拉（Flora，现为奇华顿）则在瑞士生产。随后，还发现了另外 5 种硝基麝香：二甲苯麝香（1888 年）、葵子麝香（1891 年）、酮麝香（1893 年）、伞花麝香（1930 年）以及西藏麝香（1935 年）。如今，只有酮麝香是欧盟标准许可的，而其他几种都有光敏性。

麝香

从动物感到洁净

麝香原本是来自动物的一种天然原料，即东京麝香，随后出现了一大批合成产品，如今已经变成香水制造的基础之一。自从 19 世纪末首个人工麝香问世以来，合成麝香就不断演进，从而适应市场，符合法律和环境保护的规定。

1903

❶ 1902 羟基香茅醛

❷ 1905 麝香酮

❷ 1946 铃兰醛

醛（Aldehydes）

皂感分子

在化学中，醛是一种化合物，包含特定的碳、氧和氢原子团，这个原子团写作 CHO；例如香兰素和柠檬醛都是醛类物质。但在香水业内，“醛”一词被错误地用于指代一类非常特殊的分子——脂肪醛，脂肪醛包含着由不同长度的碳原子组成的线性链。醛类依据所含碳原子数量命名，C-1、C-2，以此类推，直至 C-12。含有从 1 到 10 个碳原子的醛是天然存在的，并且具有果香：C-2 醛闻起来像青苹果，C-8 醛闻起来像柑橘。1903 年，奥古斯特·达尔藏发现了一种可以生成脂肪醛的工艺，但该流程中的产物不规则且不稳定，唯一的例外是 C-12 MNA（又称 2- 甲基十一醛），这种醛具有金属感和柑橘样香气，1913 年罗贝尔·别奈梅为霍比格恩特调制的“皇族之花”中就使用了这种醛。直到 1918 年，卡尔·W. 罗森蒙德开发出一种新工艺，高品质的醛才得以量产。从那时起，在恩尼斯·鲍的带领下，毗邻里昂的吉沃当 - 拉维罗特（Givaudan-Lavirotte）工厂开始向调香师们供应 C-10、C-11 和 C-12 醛，这三种醛闻起来像是有着金属特质的石蜡和橙，为香奈儿 1921 年的“五号”香水带来了鲜明香调。因其低廉的价格，这种醛香谐调风靡一时，从香皂到 Elnett[①]发胶，在各种美妆和洗浴产品都广泛应用。

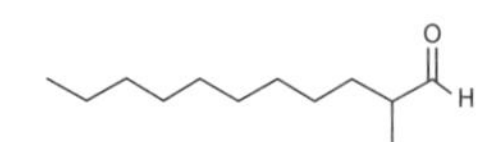

① 欧莱雅旗下产品，暂无官方中文译名。

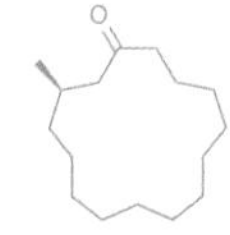

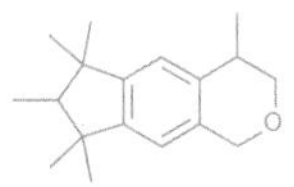

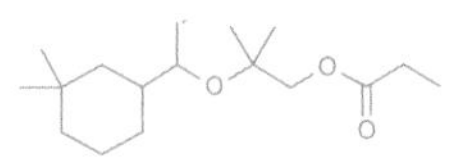

❷ 麝香酮（Muscone）
天然大环麝香

东京麝香高得离谱的价格推动了研究者去寻找具有麝香感的分子。席梅尔公司的海因里希·瓦尔鲍姆于 1905 年成功分离出了一种分子，将其命名为麝香酮。直到 1925 年，这种分子的结构才由利奥波德·鲁日奇卡确认。因为麝香酮具有一种非常特殊的结构，在当时，人们从未见过这种结构。麝香酮是一种大环物质，其分子结构上有一个由 15 个原子组成的环。而那之前，化学家们认为超过 6 个原子组成的环在自然界中是不存在的。为了合成这种分子人们大费周章，直到 2015 年芬美意推出左旋麝香酮（muscone laevo）——与天然麝香颗粒所含麝香酮完全一致的合成产品。

❸ 佳乐麝香（Galaxolide）
人造多环苯麝香

1951 年，在研究新型硝基麝香的同时，化学家发现某些苯化合物即使不含硝基，闻起来也有麝香气味。各大公司争相为多环苯类化合物的麝香分子申请专利。总共有 7 种分子被推向市场，但 IFF 在 1962 年取得专利的佳乐麝香是迄今为止最成功的。这种神奇的分子气味强大、持久，同时价格非常低廉，立即被用于洗发水、洗涤剂和衣物柔顺剂等产品中，几代人都将其视作标准的清洁气味。科颜氏的“原香香氛”中，佳乐麝香的含量超过 92%。

❹ 海菲麝香（Helvetolide）
人工脂环麝香

20 世纪 70 年代中期，巴斯夫（BASF）公司的研究人员发现了一组分子，它们既不是大环、多环，也不是硝基麝香，但依然具有麝香特征。经过艰苦的努力和无数次的试验，才找到了主要香调中所含的麝香气味化合物。第一个是海菲麝香，由芬美意于 1990 年获得专利。后续相继有罗曼麝香（Romandolide，芬美意，1998 年）、Serenolide（奇华顿，2001 年）、Applelide（IFF，2002 年）和 Sylkolide（奇华顿，2002 年），它们组成了脂环类麝香家族。

1950 —— 1960 ——❸——

1962
佳乐麝香

龙涎醚（Ambrox）
鲸鱼不受伤

1934 年，利奥波德·鲁日奇卡开始研究龙涎香中的气味化合物。1950 年，他的同僚、芬美意的化学家马克思·斯托尔发现，可以将快乐鼠尾草中的香紫苏醇（sclareol）转化为一种具有强烈龙涎香芬芳的分子，并将其命名为龙涎醚。直到 1977 年，分析才显示龙涎醚天然存在于龙涎香中。过去 30 年间问世的香水中，估计有 40% 含有龙涎醚。而大剂量运用这种分子的大赢家，则是 2007 年安妮可·梅纳尔多为迪奥调制的“银影清木”香水，其中含将近 13% 的龙涎醚。

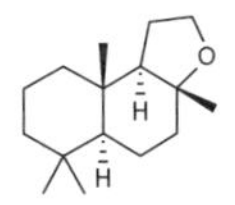

希蒂莺（Hedione）
花香醉人

20 世纪 50 年代针对茉莉香味展开的所有研究，都不足以重构茉莉的芬芳。芬美意因此展开了全新的研究，探寻缺失的成分。1958 年，年轻的化学家爱德华·德莫勒采用当时最新的分析技术揭示出一种化合物，虽然仅少量存在，却有着非常强大的芬芳效果，这就是茉莉酸甲酯（methyl jasmonate）。这种分子极难复制，但另外一种更简单的化合物即二氢茉莉酮酸甲酯（methyl dihydrojasmonate）于 1960 年取得专利，并以“Jasmin 74”（茉莉 74）香基的形式出售。埃德蒙·劳德尼茨卡于是要求芬美意为他供应让该香基如此鲜活的这种新产品。这种原料的纯剂被命名为希蒂莺，首次使用于 1966 年的“清新之水”中，含量为 3%。因为希蒂莺是 4 种同分异构体的混合物，其分子的组成一致，但是空间排列结构稍有不同，化学家尝试制造其中最芬芳的同分异构体——methyl (+)-cis-dihydrojasmonate（顺式右旋二氢茉莉酮酸甲酯）。后来又推出了更多的版本，其中顺式右旋二氢茉莉酮酸甲酯的纯度越来越高，使用最广泛的是 Hedione HC（高顺式二氢茉莉酮酸甲酯），于 1994 年问世。这种最让调香师着迷的同分异构体，芬美意针对其生产流程于 1995 年申请了专利，并以“Paradisone”之名上市。

铃兰（Muguets）
纤巧铃铛

铃兰又叫作幽谷百合，其天然的香气由多种香味物质混合而来，包括：吲哚、香茅醇、橙花醇、肉桂醇、苯甲醇、金合欢醇、顺式-3-己烯醇、乙酸顺式-3-己烯酯、二氢金合欢醛以及苯乙醛肟。但是铃兰是一种倔强的花朵，它精致的香味无法被萃取，因为铃兰生成上述这些香味物质的量极少。此外，即使采用最温和的萃取方式，也会破坏这些脆弱的物质。铃兰的一些特征性分子在配方中会快速降解，也无法以合成状态在香水制造过程中使用。因此，重现这种花朵唯一的途径是使用其他有类似芬芳的人造分子。

1964 1966

乙基麦芽酚（Ethyl maltol）
天堂的焦糖

麦芽酚是一种存在于焙烤麦芽中的天然分子。在清楚麦芽酚作为食品调味剂的情况下，来自辉瑞[①]的化学家团队——小查尔斯·R. 斯蒂芬斯、布赖斯·泰特以及罗伯特·阿林厄姆制备出某些与麦芽酚稍有差异的化合物。在所有衍生物中，乙基麦芽酚因其调味剂功能最吸引他们，焦糖的味道与气味中带着一丝榛子果仁糖气息，并且强度是麦芽酚的 6 倍。这种分子于 1964 年取得专利，对其生产工艺的改进贯穿了整个 60 年代。它首次被应用于让-弗朗索瓦·拉波特为阿蒂仙之香调制的“香草”（1978 年）中。奥利维耶·克雷斯普为蒂埃里·穆勒调制的“天使”（1992 年）中，则加入了超常规剂量的乙基麦芽酚。

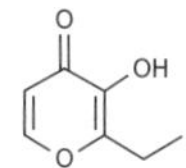

西瓜酮（Calone）
海洋分子

在研究安定[②]等苯二氮䓬类抗焦虑药的衍生物时，三位来自辉瑞的化学家——约翰·J. 比尔布姆、唐纳德·P. 卡梅伦以及小查尔斯·R. 斯蒂芬斯发现了一种苯二氮䓬类化合物，具有强烈的“新鲜绿叶、绿意和瓜果样”气味。1966 年，辉瑞为这种“西瓜般的酮”申请了专利，并交由其专门负责气味分子的子公司卡米利，阿尔伯特和拉卢（Camili, Albert & Laloue）公司进行生产。子公司的首席执行官伯纳德·迈耶-瓦尔诺（Bernard Meyer-Warnod）以公司创始人名字的首字母 C、A、L 加上化学中代表酮的后缀“one”，将这种分子命名为“Calone”（卡隆）并做市场推广。虽然花了些时间，但调香师们逐步接纳了这种水生调。第一款女性海洋香水是 1990 年伊夫·唐吉为雅男仕调制的“新西部女士”，随后则是 1991 年让-马里·圣安东尼为卡尔文·克莱因调制的“逃逸女士”，这款香水使用了新洋茉莉醛（Helional）与西瓜酮进行搭配。1991 年克里斯蒂安·马蒂厄调制的高田贤三“毛竹”香水开启了西瓜酮的男香潮流，跟随其后的是 1992 年雅克·卡瓦利耶为三宅一生调制的“一生之水”。

① 辉瑞（Pfizer）：1849 年成立于美国，目前为全球领先的制药企业，早期以生产制造化工产品为主营业务。
② 安定（Valium）：罗氏公司（Roche）于 1963 年推出的苯二氮䓬类镇静及抗焦虑药物。

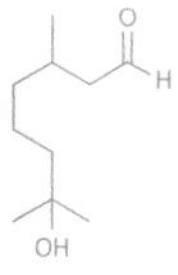

❶ 羟基香茅醛（Hydroxycitronellal）

第一种具有铃兰特质的稳定分子是羟基香茅醛，最初由德国企业克诺尔公司（Knoll & Co.）于 1905 年发售，后来用 Laurine（奇华顿，1906 年）和 Cyclosia（许伊与纳夫，1908 年）的名称进行销售。妮维雅润肤霜（拜尔斯道夫公司 [Beiersdorf]，1911 年）中含有 10% 的羟基香茅醛，罗贝尔·别奈梅调制的“皇族之花”（霍比格恩特，1913 年）中含有 2.5%，而埃德蒙·劳德尼茨卡调制的“迪奥之韵”（迪奥，1956 年）中也含有 10%。因为有刺激皮肤的风险，自 2013 年起，国际香精协会（International Fragrance Association，缩写为 IFRA）已大幅限制了其使用。

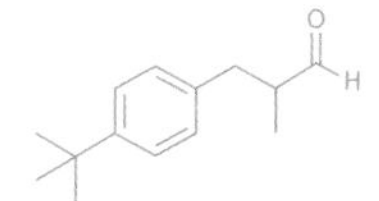

❷ 铃兰醛（Lilial）

继羟基香茅醛被发现后，化学家们开始寻找香气更浓郁、稳定性更好的铃兰香味分子。1946 年，来自奇华顿 - 德拉瓦纳[①]的马里昂·斯科特·卡彭特和小威廉·M. 伊斯特尔发现了一种分子，它的香味强度为羟基香茅醛的 10 倍，且易于生产。但评估人员当时并不认为它特别有吸引力。尽管如此，卡彭特还是确信他的新分子有其优点，凭借坚定的决心在 1956 年成功地说服了调香师和他的上司，将这种全新合成的铃兰分子命名为“Lilial”并且申请了专利。这是迄今为止全球销售最多的合成铃兰。例如，美体小铺的白麝香（1981 年）配方中含有近 6% 的铃兰醛。因肌肤敏感者有反应，IFRA 在 2015 年发布了针对铃兰醛的限制建议。

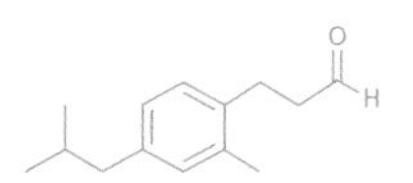

❸ Nympeal

最新问世的铃兰香味分子是 Nympheal 这种分子在奇华顿实验室由安德烈亚斯·格克、菲利普·克拉夫特、海克·劳厄、邹月以及弗朗西斯·瓦罗尔发现，是一系列围绕着无过敏分子开发研究的成果。在确定了导致铃兰香味分子诱发过敏的生物学原因之后，化学家们开始测试那些非致敏分子。最终在所有的这些分子中，找到了有着正确嗅觉特征、气味又最为强烈的一种，同时具备生物安全性。这种分子在 2014 年取得专利，并在 2016 年以“Nympheal”之名展开应用。

1970　1973

1990 海菲麝香　2014 Nympeal

突厥酮（Damascones）

玫瑰花床

如同茉莉一样，1950 年前研究发现的分子无法复制出玫瑰的精华。爱德华·德莫勒为芬美意就大马士革玫瑰做了进一步研究，并采用最新的提纯技术分离出一种存在于保加利亚玫瑰油中的化合物，尽管其在花朵精油中的比例小于 0.05%，却具有非常强烈的芬芳。在 1970 年的发表文章中，他把这种化合物命名“Damascenone”（突厥酮）。随后在玫瑰的香气中确定了许多突厥酮的衍生物，主要是甲位突厥酮（damascone alpha）和乙位突厥酮（damascone beta），具果香和苹果芬芳。凭此成分，让 - 保罗·娇兰丰富了“娜希玛”（1979 年）香水中的果香层次，而这款香水本身已含有大量天然玫瑰。

龙涎酮（Iso E Super）

深藏林中

异环柑青醛 E（Isocyclemone E）的发现历时将近 20 年，而该课题的所有研究总计超过半个世纪。1956 年，在对有着花香味道的环柑青醛（cyclemone）进行研究时，德威龙公司的京特·奥洛夫注意到，他此前制备的一种分子具有木质气味并伴有龙涎香特征。12 年后，这位科学家在芬美意任职时，发表了一份研究报告，其中给出了这种分子的化学构成，但并未注册专利。1973 年，IFF 的两位研究员约翰·B. 哈尔和詹姆斯·米尔顿·桑德斯，以“Iso E Super”之名为这种分子注册专利。这种高度复杂的物质其实是 10 余种不同分子的组合。为了揭开它的秘密，又耗费了 10 年时间。其中有一种分子只需少量，便能让整体的混合物拥有主导性的木质气味，因其强烈的木质特征，这种分子被命名为“Arborone”。但是，现代合成化学无法以合理价格生产纯净的 Arborone 供香水业使用。龙涎酮的首次使用是伯纳德·钱特于 1975 年调制的“候司顿女士”（候司顿）。让 - 克劳德·艾列纳调制的香水“爱马仕大地”（爱马仕，2006 年）中，龙涎酮含量近 50%，而娜塔莉·洛尔松调制的莱俪“珍珠美人”（2006 年）中，龙涎酮含量高达 80%。

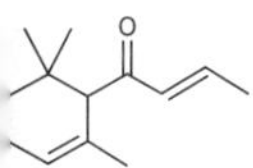

① 奇华顿 – 德拉瓦纳（Givaudan–Delawanna）：奇华顿于 20 世纪 40 年代前后在美国成立的香精香料公司。

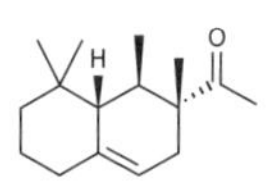

香基

从 20 世纪初起，为了帮助调香师完成工作并且推广自产的新分子，原料制造商开始有了提供迷你配方的想法，这种迷你配方大致是现成的谐调，其中使用了有时难以单独使用的新化合物，这就是我们所知的香基。许伊与纳夫（现为芬美意）、德·莱尔（现为德之馨）、奇华顿、鲁尔－贝特朗（现为奇华顿）、香氛合成公司（Synarome，现为 Nactis）等公司提供的产品，能以相当低的价格复制出天然产品的味道，而这些天然产品（如茉莉、东京麝香、银白金合欢）当时只有精油或者净油形态。但这些产品也重构了无法萃取的芬芳，如丁香花、忍冬花、香豌豆、小苍兰的花香。这些迷你配方混合了合成与天然成分，是一些鲜为人知的化学家兼调香师玛丽－特蕾莎·德·莱尔、马里于斯·勒布尔、樊尚·鲁贝、亨利·罗贝尔的杰作；调香师们可以借此迅速地调制出原创的花束香。此外，原料制造商还用这些香基来推广他们的合成产品：甲基香堇酮上市靠的是“Bouvardia”香基，“Ambre 83”展示了龙涎香谐调中的合成香兰素；“Dianthine”呈现了丁香酚和异丁香酚；“Mousse de Saxe”让 IBQ 也变得温顺。有时候，一款香水的流行似乎会激发一种香基的创作，罗莎的“罗莎女士”正是这样一个例子，其调香师埃德蒙·劳德尼茨卡在这款果香西普香水成功后，从其经典谐调中撷取出了“Prunol”（熊果酸）香基。

从分子到气味

虽然化学家已经有能力随时随心所欲地合成分子，但是我们对嗅觉受体运作的机制依然知之甚少，因此预测某种分子的气味十分困难。结构迥异的化合物也许会有相似的气味，与之相对地，差异甚微的分子，气味也可能相去甚远。一种气味化合物不仅有气味方面的特征，还有另外两个要素决定了调香师如何使用这种化合物：

- 挥发性，即分子挥发的速率，决定了香水喷洒后，我们在多长时间能感知到香味。柑橘中的柠檬烯在几分钟内就会完全挥发，而香兰素或者佳乐麝香在 24 小时后依然能闻到；

• 强度，通过感知阈值来衡量，指的是某个产品在 1 升（0.26 加仑）空气中呈现出该气味的最小剂量。目前的纪录保持者是酒内脂，它闻起来像椰子且天然存在于许多水果中：只需要 10 飞克（1 飞克即 $1/10^{-15}$ 克）就能让 1 升空气变香。这意味着只需要 1 克酒内脂，就可以让整个巴黎从地面到 1 千米高度内的空气变香。

两种有着相似气味，
实则迥异的分子

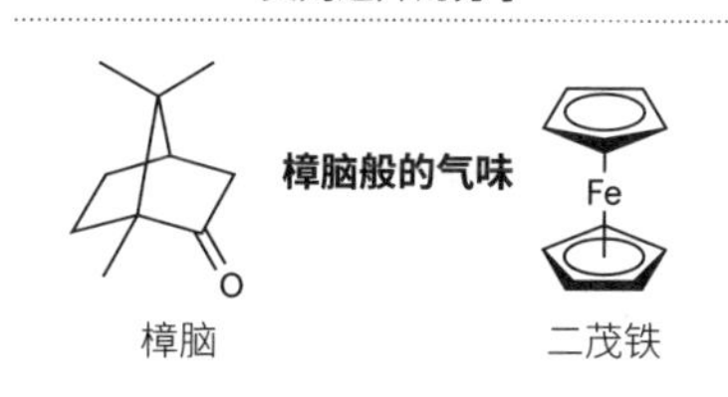

两种几乎一致的分子
却有着十分不同的气味

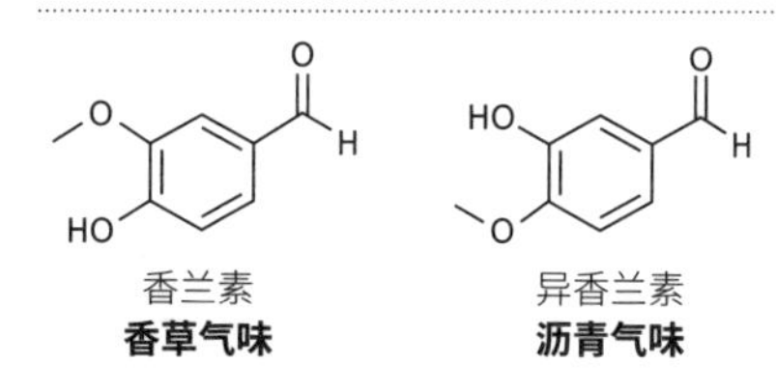

传奇香基与标杆性香水

“Cuir de Russie”香基
• 德·莱尔出品
• 桦木焦油与 IBQ
• 尼兹的“尼兹十号”

“Melittis”香基
• 奇华顿出品，马里于斯·勒布尔调配
• 水杨酸盐（salicylates）、香豆素、丁香酚
• 让·巴杜的“巅峰时刻”

“Mousse de Saxe”香基
• 德·莱尔出品，玛丽 - 特蕾莎·德·莱尔调配
• IBQ、香叶天竺葵、香兰素
• 卡朗的“圣诞夜”、莫利纳尔的“哈巴尼塔”

“Prunol”香基
• 德·莱尔出品，埃德蒙·劳德尼茨卡调配
• C-18 醛或壬内酯（gamma-Nonalactone）
• 罗莎的“罗莎女士”、资生堂的“林之妩媚”、高田贤三的“丛林大象”

“Animalis”香基
• Synarome 出品
• 对甲酚（*Para*-Cresol）、灵猫香、广木香（costus）
• 圣罗兰的“奥飘茗”与“科诺诗”

“Mayciane”香基
• 德·莱尔出品，亨利·罗贝尔调配
• 羟基香茅醛、苯乙酸酯 (benzyl acetate)、吲哚
• 香奈儿的“十九号”

“Ambre 83”香基
• 德·莱尔出品

- 香兰素、劳丹脂
- 科蒂的“古法琥珀”、塞吉·芦丹氏的“琥珀君王”

“Dianthine”香基

- 许伊与纳夫（现为芬美意）出品
- 丁香酚、异丁香酚、水杨酸苄酯（benzyl salicylate）
- 科蒂的“牛至”

IFRA：受监管的分子

国际香精协会（IFRA）是香水行业于1973年成立的组织，旨在建立一套针对香味产品的良性业务准则。其职能是收集香水业内所用成分和配方的信息，并依据能够保障消费者和环境安全的标准，提出恰当的使用建议。它可以限制香精香料在香味产品中的使用，或者在极端情况下，如果认为某成分危害较大则会建议停止使用。根据危险程度，国际组织如欧盟，可以进行干预并严格禁止其贸易。例如，由于硝基麝香的光敏性，IFRA对其进行了限制，然后经研究发现问题的严重性后，欧盟禁止硝基麝香的生产、贸易和使用。杏仁香味的硝基苯、风信子香味的溴苯乙烯（bromostyrene）以及沥青味的苯甲酸苯酯（phenyl benzoate）也受到同样限制。其他成分，例如羟基香茅醛、龙蒿脑（estragole）以及突厥酮，因其致敏性，也被严格限制。

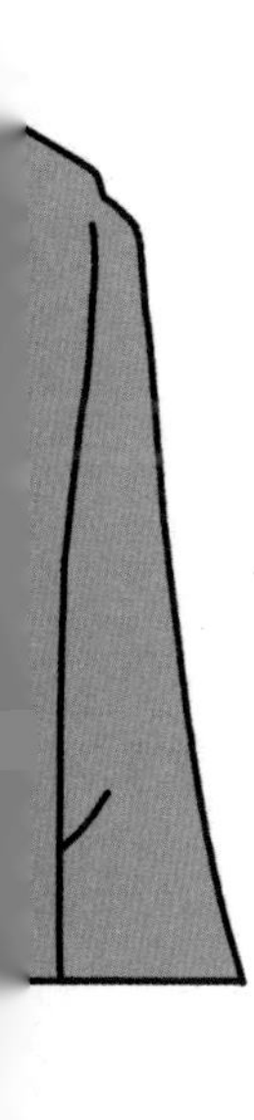

明日之香

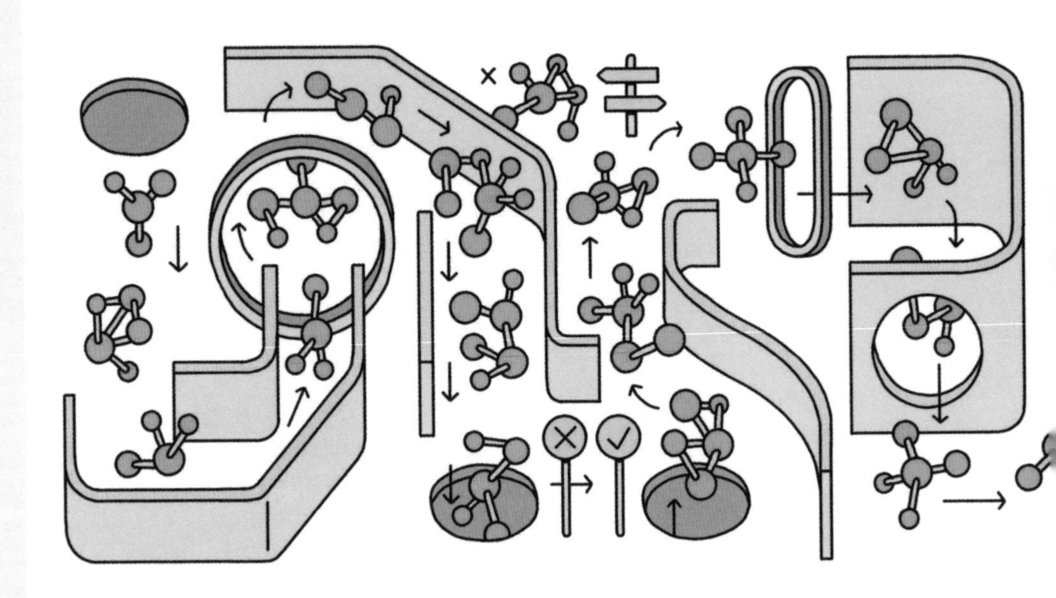

创新的竞赛

主要的配方公司每年都开发出全新的香味分子，他们也创造着全新的香水。事实上，这些企业很大比例的收入来自出售调制香水的分子，调制者可能是公司内部或者外部的调香师。平均而言，企业会把 10% 的利润重新投到研发上。这个流程耗资不菲，每研发生产一种分子大约要花费 200 万美元。因此，各个企业必须审慎地确定努力的目标。考虑的因素当然包括气味被人喜欢的可能性，但也包括生产分子的成本、在目标市场上的竞争力、获得专利的容易程度以及对环境的影响。如果缺少其中一个关键支撑，研发就会停止。研发的目的尤其要应对法规的变化，甚至要预知法规的变化。IFRA 的角色是确保调香原料的安全，会经常建议撤销某些分子（参见本书第 89 和第 242 页）。当有撤销提议提出时，会有 5 年时间的观察期，之后建议才会正式生效；5 年也是业内开发替代品所需的平均时间。

漫长的开发周期

各大公司的研发部门每年都要开发 500 到 3000 种分子，其中只有 200 种左右的分子经过第一轮评估后被保留下来。然后，位于世界各地创香中心的调香师负责对它们进行鉴定，其中包括纯质、谐调以及香水状态。最后，在大约 6 年后，只有四五款能加入调香师的调香盘。开发周期是漫长且充满阻碍的，例如许多强制性的测试，旨在评估产品的一般毒性、生物降解性、稳定性和刺激皮肤的可能性。更不用提优化合成的过程，必须确保用尽可能少的步骤生产出分子。

内控分子

为产品申请专利可以保护分子，并赋予其创造者 20 年的独家使用权。在此期间，成分公司也许会决定保留某些专利成分仅供该企业的调香师使用。这使得他们的调香师可以使用独特原料，在竞争中脱颖而出。在配方中使用这种所谓的“内控”分子，还可以保护配方不被复制，因为它们

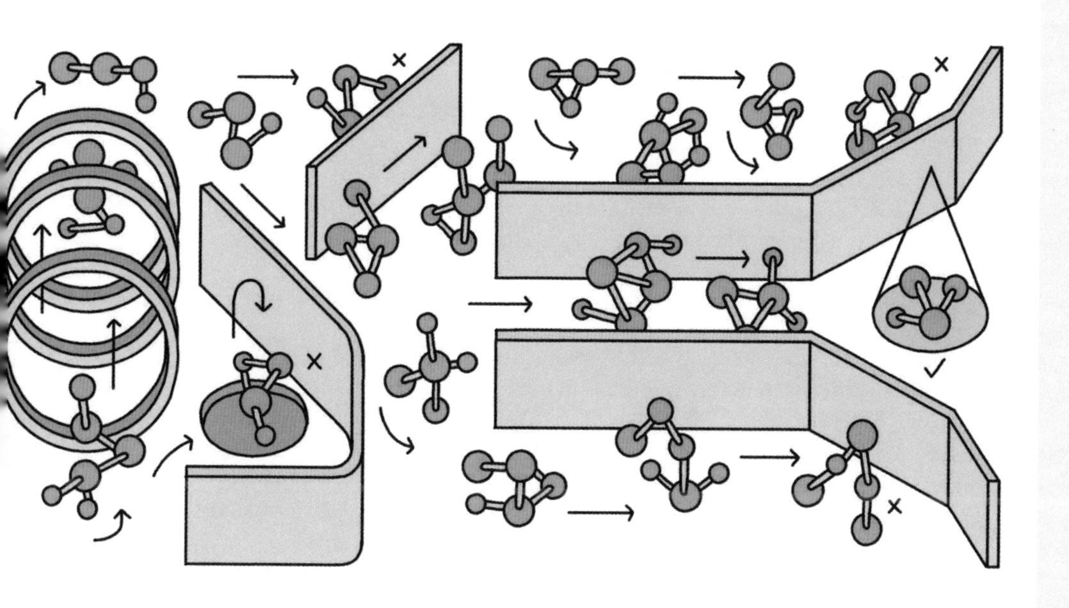

不能被色谱法（一种分离和分析香水中不同成分的技术）识别。各个企业都有一种到几十种“内控”分子。当然，如果竞争企业有足够收益保证量产所需，从而提高投资回报率，企业也可以出售这些分子。

绿色化学

虽然气味分子的合成主要还是使用来自石化工业的原料，但使用毒性较低的试剂、较少的溶剂、较少的能源以及将废物减少到最低限度是当今业界的口号，并且他们很快就意识到了这些行动对生态环境的好处、在公关宣传上的优势，以及显著的经济回报。但石化产品已不再是开发合成成分的唯一来源。近年来，一些成分公司在生物技术方面寻求新的途径。新途径包括通过发酵制造分子，利用酶（天然蛋白质）或微生物来代替化学试剂。2014 年，这项工作促成了千龙木（Clearwood）的开发，由芬美意设计用以取代广藿香精华。千龙木无色，含有广藿香精华中最芬芳的稳定成分——广藿香醇（patchoulol），并可以长期持续地供应。同一年，奇华顿推出的 Akigalawood（亚基戛纳木）也具有广藿香的芬芳。这两种物质还有其他一些都被 IFRA 认定为天然物质。但在一些人看来，各个公司滥用了这类产品特点上的模糊性，在香水业内任意使用“天然”标签。这些批评者指出，虽然制造过程可以被如此看待，但所得成分在自然界中并不存在。为了获得这些全新的、所谓的“天然”原料，需要愈发先进高级的技术，这与 19 世纪以来使用的蒸馏技术相去甚远。天然和合成之间的界限也因此日益模糊。

虽然天然香水业多年来一直处于边缘地位，但如今越来越多的品牌都在宣扬自己的天然性，这也加剧了人们对石化成分的不信任。即便传统香水品牌也很少强调可能使用的任何合成材料。那么，合成成分为何比我们想象的更有用、更有必要呢？绿色化学究竟又是什么？尼斯化学院大学（Nice Institute of Chemistry）教授，蔚蓝海岸大学（Université Côte d'Azur）创新与研究价值化学院的副院长以及配方、分析和品质（FOQUAL）化学专业研究生院主任的哈维尔·费尔南德斯（Xavier Fernandez）分享了他的见解。

是的，我们需要合成原料

哈维尔·费尔南德斯，蔚蓝海岸大学

为什么要为合成原料正名？过去几年的一个趋势是排斥合成原料、美化天然原料，这是毫无道理的。一方面，自然界中存在着数不清的毒物。香水中使用的天然原料，虽不至于有毒，但都是高度复杂的有机化合物的混合物，其中一些有可能引起过敏反应，而合成分子化学特征明确，因此在必要时更容易检查和去除。另一方面，自从1882年保罗·帕尔凯为霍比格恩特调制的“皇家馥奇”使用香豆素以来，有机合成一直是香水业不可分割的一部分。合成原料开启了一道门，让人们可以生产自然界中已确定的芬芳化合物（如香豆素，它来自顿加豆），但自然来源意味着不能满足全球需求。这反过来又拯救了几十个物种：如果没有合成化合物，檀香木和麝鹿就会消失。合成原料带给调香师自然界中不存在，却有着原创的嗅觉特征的分子，从而提升他们的创造力。

如何解释大众对合成原料的不信任？首先是因为存在很多误解。人工和合成经常被混为一谈，事实上合成原料的部分目标是重现自然，我们应该让消费者认识到合成香兰素与天然香兰素的嗅觉特征是一致的。虽然现在对消费者而言，合成原料是安全的，但过去某些分子过快地投入市场，导致了部分人群的不信任，尽管时至今日，这种不信任并无根据。比如硝基麝香就是如此。19世纪末，炸药研究过程中人们意外地发现，可以获得具有麝香气味的分子。这种简单、廉价的合成方法

有着稳定的产量，让硝基麝香在调香中非常流行，包括运用于大量的洗涤剂中，直到人们发现它们在生物降解性和毒性方面存在问题。你可以说它们是规则的反例。我们今天在研发时就会考虑到日常长期使用一种分子对环境和我们身体的影响，从而保障人们使用合成原料时的安全。

绿色化学是将可持续发展的原则应用于化学，它是一个良性的折中方案吗？
现行生产流程在环境成本、能源消耗、废弃物的排放与处理等方面都还有很长的路要走。然而如果我们能够拒绝诱惑，不要戴上绿色的有色眼镜去看待一切，那么绿色化学在当下确实是进步的方向。打个比方，很多文章都解释说，由于锂电池生产环节对环境的污染和不能回收利用的事实，电动车其实比柴油车污染更大。与柴油车不同，虽然电动车肯定不完美，但它还有可提升空间。绿色化学同样如此。

从天然到合成

乔纳森·沃尔，高砂香料

更深入的可持续发展以及消费者对天然原料的需求高涨，让越来越多的创新应运而生，从可再生资源中获得合成分子成为可能。这些未来的成分是什么？它们是如何获得的？我们是否正在见证合成和天然之间的区别消失？高砂香料[①]研究开发部副总裁乔纳森·沃尔（Jonathan Warr）给出了线索。

合成原料是否顺应环境挑战？香水制造的历史从天然原料的使用开始，此后在19世纪末，石化产品的出现极大地丰富了调香师的调香盘。如今，面对消费者和品牌对可再生原料和环保技术的需求，整个香水行业都在积极寻求开发非石化来源的合成分子。高砂的历史与各种松树精华的化学成分紧密相连，早在1983年，我们的团队就与2001年诺贝尔奖得主野依良治教授合作。在化学领域，我们成功地从松树精华中获得了手性合成物[②]左旋薄荷醇（L–menthol）。我们靠着松树精华中含有的可再生碳，得到了大量合成成分的组合，尤其是左旋香茅醇（L–citronellol）和左旋玫瑰醚（L–cis–rose oxide），这些玫瑰香调广泛地应用于高级香精行业。在2014年，我们也是第一家注明原料中可再生碳比例的成分企业，这要归功于我们的生物基指数[③]。

还有哪些创新使我们能够从天然分子中获得合成分子？生物技术是合成香料领域的主要趋势之一：利用活体（酶或微生物），我们现在能够转化天然原料，

① 高砂香料：原名全称“高砂香料工业株式会社”，是1920年在日本东京创立的合成香料企业，现为名列前茅的跨国香料集团之一。

② 手性合成物（chiral synthesis）：两种合成物的分子具有相同的原子种类和数量，但是原子在空间上排列结构，如同双手一般互为镜像而不能叠合。

③ 生物基指数（Biobased Index）：高砂香料公司采用指数，用以显示产品中生物质原料和石化原料的比例。

生产出以前只能从石油中获得的分子。2018 年，我们开始使用这项技术从蔗糖中制造 Biomuguet——它可以作为铃兰醛（Lilial）或新铃兰醛（Lyral，具有浓郁铃兰花香的分子，广泛应用于高级香料和功能性香料行业，但受 IFRA 的限制）的替代品。Biomuguet 不属于天然成分，因为其加工的最后阶段是化学处理，但它确实含有 100% 的可再生碳。另一种降低对环境影响的方法是循环再利用，从废料中开发原料。某些品类的废料可以成为创造新原料的起点，包括使用合成法。为了获取香芹酮（carvone），我们会利用不同的来源，比如橙子蒸馏后的残留物柠檬烯。

这些原料是未来的成分吗? 品牌施加了许多压力，要在它们的香水中加入天然原料，以此迎合消费者的期望。结果就是，天然原料虽越来越普遍，但是依然还是少数。因为我们首先面临着价格、可追溯性和可利用量方面的挑战，这些都会阻碍原料的进步。而且因为我们还无法用可再生资源完成所有工作，因此必须接受某些嗅觉上的限制，但大品牌有时候并不准备接受。所以至少目前在调香师的调香盘上，天然原料、来自天然或者石化原料的合成成分将继续共存。

第4章
THE PERFUMER'S PROFESSION
调香师的职业

本章作者：亚历克西·图布朗

与普遍的认知相反，调香师并非天生，而是靠后天培养。大多数社会并没有教孩子们发展嗅觉记忆，也没有鼓励他们对芳香世界抱有任何特别的好奇心。踏上调香事业的道路，意味着有很多事情要做。只有通过长期和严格的训练，才能找到词汇来形容我们的鼻子所闻到的气味，知道如何将气味归类，甚至辨析气味间的细微差异。

调香师的工作是将一个想法转化为嗅觉。通过运用各种可用的原料，他们巧妙地将其结合在一起，实现均衡和架构协调。这个想法可能源于调香师自身的想象力，也可能来自一份概要[①]、一份具体要求，甚至是个人的挑战……调香师需具备一系列不同的品质：好奇心、条理性、耐心、细心、对原料以及配方出色的理解，以及极大的谦逊。这些品质有的靠学习也无法获得，但不要以为这个职业是天生的，嗅觉和配方是可以传授的。我们由此明白，调香并不是一门数理科学，在调香创作的道路上暗藏许多惊喜。

---

① 概要：香水业中，品牌或品牌集团提供给配方公司对产品（尤其是高级香水）的预期概述，可能包括创意、目标客户 / 市场、成本、交付期限等信息，详见第 5 章中的“新概要来了”段落。

职业选择

全世界有多少名调香师？
大概几百名，精确人数难以统计。其中约四分之一常驻法国和瑞士！调香师的人数大致和宇航员相当。

职业方向

许多调香师入行，要么是因为偶然，要么是通过非传统途径。尽管从业之道不止一条，但如今的职业道路比过去有了更好的指引。首先且最重要的，请记住，化学是香水学习不可或缺的部分。因此，建议在中等教育阶段学习科学。在法国，未来的调香师学徒在获得中学学历后主要有两条路可走。

• 大学途径，包括攻读三年[①]的化学学位，后续攻读配方和评香方面的硕士学位；

• 直接进入提供五年培训课程的学校。

但旅程还将继续！这些课程是你进入香水业内各个运营企业的门票，配方公司雇用了大多数调香师。这些公司有自己的学校，由公司内的职业调香师执教，少数学生经过强化培训后才能进入调香师之列。

不同职位

提到调香师，我们往往想到的只是他们与香水瓶打交道。尽管我们

① 法国公立大学的本科学制是三年。

不曾留意，但在日常生活中，其实我们每天都会遇到大量添加香味的产品，而且每类产品彼此间千差万别，都需要特定的专业调香师。还有一些调香师不太注重创作，而是专注于技术和配方。他们分为：

调香创香师

不管调香的产品类别，这些调香师的共同点在于：他们负责配方。他们负责的产品类别也许是：

• 高级香水，包括以酒精为基础配制的淡香水（eau de toilette）和浓香水（eau de parfum）。

• 功能香精，又可以分为更多子类别，例如个人护理产品（香皂、沐浴液、洗发水和化妆品）以及家居产品（洗衣液、衣物柔顺剂、清洁产品、餐具洗洁精和空气清新剂）。有些调香师同时负责几个类别，这在小型企业比较常见。

调香分析师

他们是色谱方面的专家，他们研究市场上的各种产品评估竞争状况，从而帮助各个品类的调香师更好地驾驭当前的潮流，拓宽灵感的范围。

成分专员

他们是原料专家，从采购到品质检验，他们为所工作的实验室丰富调香盘。

调香技师

他们是擅长调整现有配方的专家，例如，当系列中加入新产品的时候（从香水衍生出了沐浴露或香皂）。他们必须确保最终香味保持一致的嗅觉特性，同时也要保持香味的稳定性，以及所采用的成分符合现行法规。他们还可能按要求重新设计已上市的配方，使其符合新的标准。

这些专业领域中的每一个都需具备配方以及评香的特定技能。

高级香水创香师

专业的高级香水调香师也有不同分类。最常见的是受雇于配方公司的调香师，但还有品牌专属调香师，现在独立调香师也越来越多。

❶

受雇于配方公司的调香师

为不同品牌的各种项目提供服务，根据概要开展工作，并与多个团队（评估、市场、合规事务等）合作。

❷

品牌专属调香师

专为一个品牌服务，是品牌的一部分。负责配方调制，但也会参与原料采购、公关甚至是品牌的商业战略。

❸

独立调香师

为自有品牌或其他品牌创作配方。独立或与其他合作方一起经营业务的方方面面，包括：后勤管理，开发潜在客户，研发配方，受理客户提案，生产和品质管控。

见习调香师

嗅觉

学生进入香水学校，会有多门课程供选择，为将来从事业内各种职位的工作做好准备。虽然所有这些课程都很重要，但有一门必不可少：嗅觉课，即对原材料的研究。这门课程可以让学生学习到所有调香师通用的嗅觉语言，并磨炼他们的嗅觉感知力。在嗅觉课上，老师会将原料介绍给学生，但最重要的，是教会学生如何一嗅就辨识出它们。这些原料是香水的基础。对原料进行细致的研究，并且通过研究经典香水认识原料，以实例呈现出原料在香水中产生的显著效果。为了丰富学生对调香各门类的嗅觉教学，在更多专业课程中还会关注沐浴露、衣物清洁产品、洗发水、止汗露和其他香味产品。这些课程都是在教室内进行的，教室必须是无味的，而且安静的。原料提前用乙醇稀释过，以试香条或试香纸（blotter）蘸取。为期半天的课程中，会学习大约 10 种原料。课程在静默与个人学习之间交替进行。在个人学习时间里，学生在纸上写下自己的想法，然后会邀请每个人发言。某个气味让你想到了什么？如何向你八岁的妹妹描述这种气味？最重要的是不去限制自己，相反，让自己用哪怕看似荒谬的词语去描述各种气味。在大脑、词语和气味之间产生的联系，最终会让学生自己与气味建立起联系。例如，葵子麝香也许接近梨子或者白酒的香味，但也可能类似榛子或者面粉味。就像玫瑰精油会让人想起梨子，或者香根草精油让人想到榛子。在讨论之后，学生要为每种原料或者香水编订一份详细的香调详情表，包含课堂上的各种想法，并且详细描述每种原料的价格、外观、原产地、使用注意事项以及与配方相关各种属性。

调香盘

在学习过程中，学生们以不同方式学习掌握这些原料：单独或与其他原料比较，在配方中和添加到不同的介质（酒精、蜡烛、奶油等等）中。正是这种亲自近距离学习知识，让见习调香师能够掌握构成他们调香盘的各种原料。每种原料各自的物理化学特征，赋予其独特的个性，在嗅觉上如此，在技术品质和表现上也一样。未来的调香师要学习原料的不同特性：它们的外观（液体、粉末、糊状、蜡状、胶脂）、颜色（无色、棕色、黄色、绿色、红色等）、稳定性（有些原料会随着时间推移或因与其他分子的接触而变色，或者在受热时甚至可能会分解产生新的令人不悦气味）。此外，还有原料的大致成本、典型运用的配方，甚至还有一些关于它们的产地和生产的情况。嗅觉课是这个专业的基础。积累嗅觉词汇可以让你逐渐学会配方的语言。调香有自己的语法和工具，学会掌握它并无秘诀：必须去嗅去闻。

香水史上的名作及香基

嗅觉课程的核心是研习经典原料，同时课程也涉及香基和香水：

• 香基是合成材料与天然原料的混合物，最早于 20 世纪初问世，以促进某些合成材料，使其更易于使用。这些“迷你”香水被广泛地用于

一些“大的”香水中。因此研习香基可以让人了解这些香水的结构，并可深入观察某种原料是如何被使用的（参见本书第 86 页）。

• 经典香水在香水历史上流传至今，也是研习的内容。学生借此可以熟悉伟大的香水原型，它们为今日的调香师的工作铺平了道路。同时，这些香水也展示了学生们在课程中闻过的某些原料成分。

配方的艺术

配方是一张清单，列明了制备将来某款香水浓缩液所需的全部原料。对于每种成分，清单上要给出所占总量的百分比、等级、原产地、供应商，针对特别浓烈或者昂贵的分子还要给出浓度。配方的目的在于能够据此以产业化的规模完美复制出香水浓缩液。在第一次试验调香中，学生学习如何将少量的原料混合调制出简单的谐调，这个谐调往往是追求重现某个特定的已知气味。举例来说，学生可能会用五种成分再现玫瑰的芬芳，或者用几滴原料组成某个让人想起茉莉的香调，然后将这两个谐调混合，调出一款既有玫瑰芬芳也有茉莉香气点缀的铃兰香味，同时还带着些许绿意……从最终的想法到构成配方的原料数量，学生会逐步着手创作更加复杂的谐调。举例来说，在单一花香调香水后，会向着复合花束香的创作前进。在完成初级阶段的学习后，学生们要学习将不同的谐调组合起来，尝试复制法语中叫作“schemas”（布局）的香水“纲要”。所谓“纲要”，即流行的嗅觉架构，其中一些得名于那些具有时代标志性的香水，它们构成了主要香水类别的基础。也许学生在完成学业时还不能成为卓越的技师，但重要的是，他们在学习过程中了解了配方的流程：调香师怎么通过几种原料混合的过程讲述一个有意义的故事的呢？换句话说，调香师讲述的故事，能在人们闻到香水时触发情感、回忆和意象。

谐调

谐调是指若干原料和谐且有结构的组合，可以勾勒出待完成香水的大致概念。调香师要找到正确的平衡点来达成目标。平衡的理念暗示着一定程度上的克制，也就是说要控制过量。尽管如此，许多调香师的著名谐调往往建立在成分出人意料的比例和剂量之上。调香师也许会将一个谐调当作未来某个香水的基础。但是，他们也可能在某个已经有着良好架构的配方中增加某种谐调，为调制中的香水带来一个全新的侧面。然后，调香师的任务就是去平衡配方中的谐调，因为在香水中谐调并非固定的个体。多种谐调间会广泛地互相作用，赋予最终完成的香水以独有特性。

简单的谐调配方（按 % 计）

香堇菜谐调	稀释浓度	试配 1	试配2	试配 3
丙位甲基香堇酮 核心调	纯剂	50	55	60
甲位香堇酮	纯剂	3	5	5
天芥菜精	纯剂	30	25	20
辛炔羧酸甲酯	10%稀释	10	10	10
埃及产香堇菜叶净油	10%稀释	–	3	5
双丙甘醇 溶剂	纯剂	7	2	–
总计		100	100	100

传统香水谐调

古龙

多个谐调组成的一个古龙香水范例，灵感源自让·马里·法利纳的古龙水（1806 年）

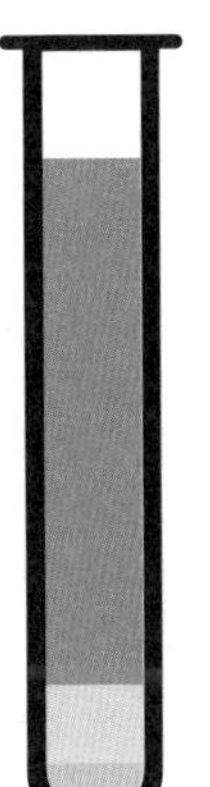

80%

柑橘谐调
香柠檬、柠檬、橙、中国橘

12%

芬芳草本谐调
薰衣草、迷迭香、龙蒿

5%

花香谐调
玫瑰、茉莉、香堇菜

3%

木质香基
麝香、木香、苔香

馥奇

多个谐调组成的一个馥奇调香水范例，灵感源自霍比格恩特的“皇家馥奇”（1882 年）

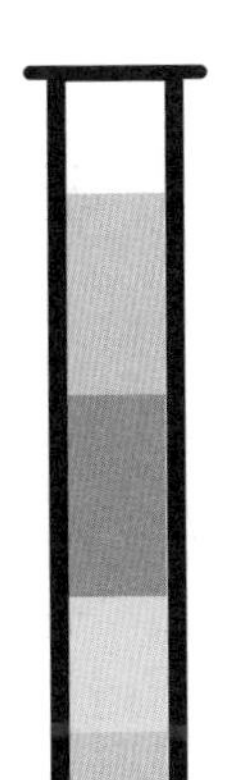

30%

薰衣草谐调

30%

木质谐调（苔香）

20%

香叶天竺葵谐调

10%

水杨酸谐调

10%

香豆素

西普

多个谐调组成的一个西普调香水范例，灵感源自科蒂的“西普”（1917 年）

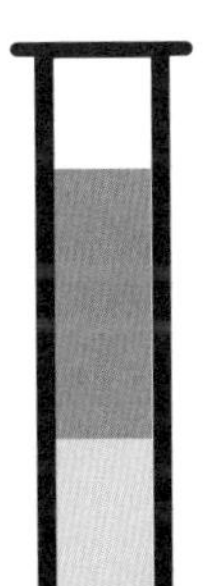

40%

复合花束香调
玫瑰、茉莉、香堇菜、紫罗兰

35%

芬芳草本谐调
香柠檬、橙

15%

橡树苔与木质

10%

麝香感的香膏香基

东方

多个谐调组成的一个东方调香水范例，依据娇兰的“一千零一夜”（1925 年）

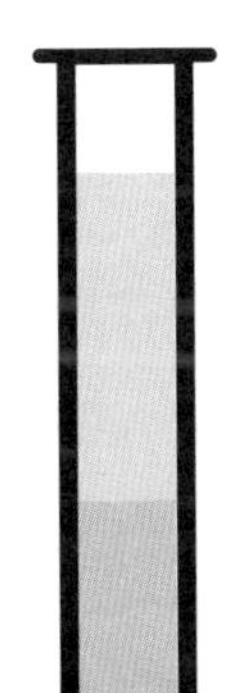

50%

龙涎香谐调
香兰素、香豆素、安息香、广藿香

30%

芬芳草本柑橘谐调
香柠檬、柠檬、薰衣草

20%

花香谐调
玫瑰、茉莉

成为一名调香师

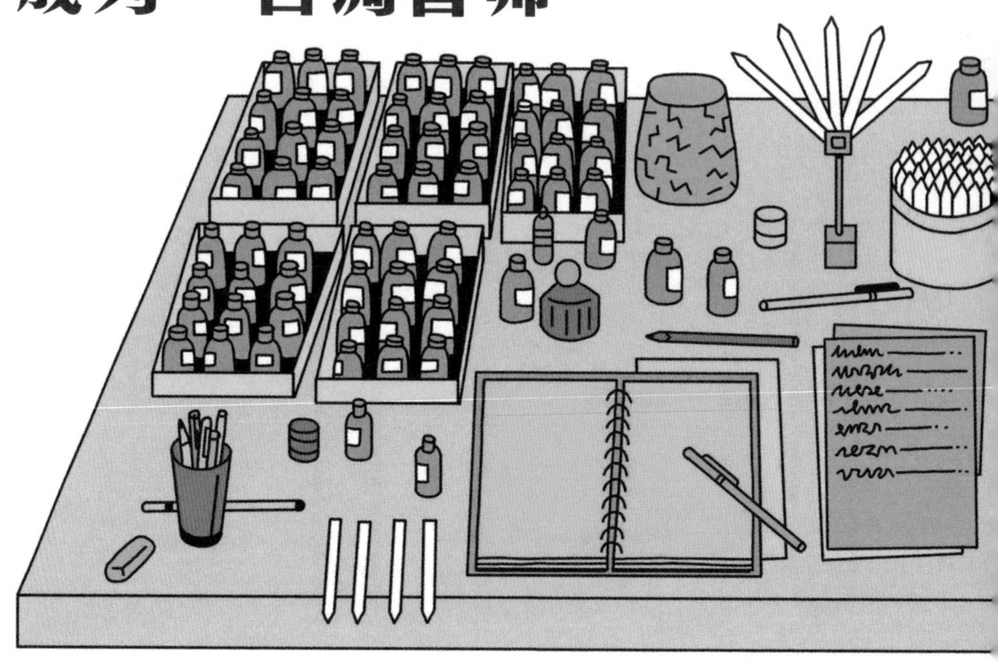

工作地点

除了见习期，调香师偏好没有气味的工作地点，而不会在时常充满气味的实验室工作。他们把配方从办公室送到实验室助理那里，助理的工作是将浓缩液称重，然后用酒精稀释后再送回给调香师。调香师的办公室很少是井井有条的。在他们的办公室，你会发现很多试香条，上面标注了各个正在研发的配方的代号，代号后面还有日期和时间，这样调香师可以研究试验配方随时间流逝而展现的变化。同样地，调香师会持续地复查原料。此外，装有各种试验配方的小瓶子按项目分组，每一个项目都会占据桌子的一块区域。调香师还喜欢做一些书面记录：信手写下几个想要探索的谐调，一些想要重新回味的原料，等等。最后，还必须有一台安装了配方软件的电脑，让调香师能随时掌握所使用的原料的质量、不同的规定以及配方的成本等情况。

❶ 装有进展中的试验配方的瓶子

❷ 笔记本

❸ 试香条架

❹ 试香条罐

❺ 待考察的最新试验配方

❻ 配方软件

一天的工作

在一天的工作中，调香师不光忙于配方，如果他们服务于配方公司，那么与评香师、公司内的不同部门以及客户交流，都是工作的一部分。与公司运营相关的会议以及针对香水市场变化趋势的研究，同样会扩充他们的知识储备。如果某个配方特别具有挑战性，调香师可能会被要求与另外一些调香师同事并肩工作。对于独立调香师，不管是行政管理、财务还是销售，都是他们要面临的日常业务。他们还必须与潜在的客户会面，亲自回应客户的要求，并兼顾每一款香水的进程——从创作到生产，符合相关法律规定。最后，自 21 世纪初开始，调香师们越来越多地参与到品牌的公关宣传中。尤其是品牌专属调香师，他们成为所服务品牌的主要代言人，向媒体展示品牌的调性和公众形象。公关部门不会再犹豫是否在新闻稿中提到调香师的名字，也会果断邀请调香师参加他们所调香水的发布活动，以便接受采访。如今，大多数配方公司都有公关部门，其职能是推广新原料，宣传最近赢得的香水项目，当然，也让记者与调香师互动。

创作香水

创香之初

与所有的应用艺术形式一样，最初调香师要面对的是客户提供的概要或者是一个在现实中待呈现的理念。因此就设定了一些标准：什么嗅觉类型，为哪类客户调制，面向哪个国家的市场，市场定位是什么。然后调香师必须展开一个初始配方，有时候是独立完成，有时候则需要评香和市场部门的帮助。在这个阶段，调香师有几种选择：

从一张白纸开始

从概要上的指示、自身直觉、与其他团队对话中，调香师都能找到灵感，确定一组必选的配方原料，将理念变成现实。这不是最常见的方式，但是的确存在。

从“香味库”中某个香调开始

每个调香师都会有一些现存的配方和谐调，可以用于合适的项目或者作为创香的起点。调香师必须调整配方满足要求。

从已有的香水中获得灵感

某些客户的愿景十分明确并希望能够达成，有时候他们要求调香师以市面上某款香水作为灵感、参照，然后稍加变化。调香师以气相色谱分析得到的配方为起点开始完善香水配方，去贴合概要。

称量配方

无论是手写还是输入配方软件，成分可以按字母表、按挥发时间、

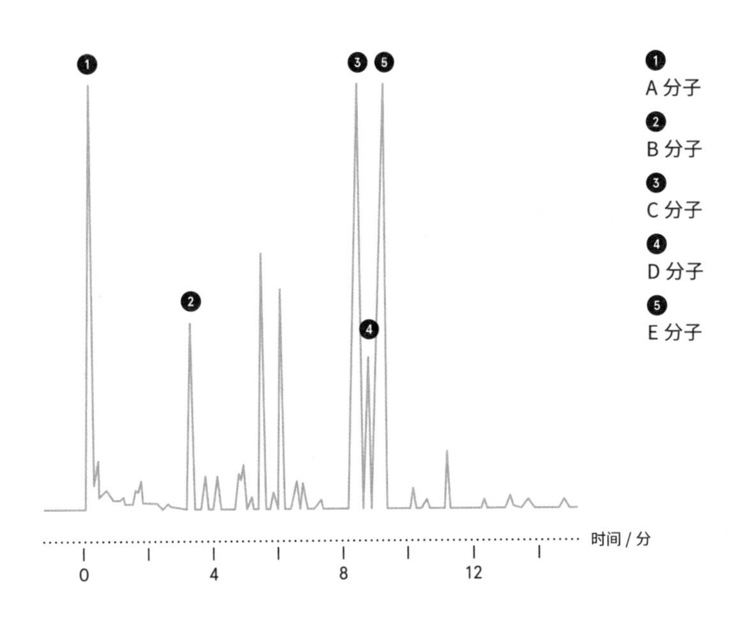

气相色谱分析

气相色谱法（Gas Chromatography，缩写为 GC）是将产品（竞争者推出的香水、某个天然原料、一份过去的配方等）中的化合物分离出来，从而进行鉴别的一种方法。该技术是将几微升待分析溶液注入色谱仪中。色谱仪是一种大型仪器，由螺旋形的色谱柱、烘箱和检测器组成。化合物通过载气被引入色谱柱，根据其分子量（最轻的先出来，最重的最后出来）和极性进行分离，极性也将用于微调检测器的结果。分析结果以色谱图的形式呈现，它由一系列峰组成，每个峰对应一个分子，并按一定的比例排列。解读该图需要丰富的经验和一些软件的帮助，以便识别匹配的化合物，并得到一个配方能尽量重现最初注入机器的产品。分析结果需要经过人工嗅闻评测后确定，分析结果总是需要调整，当注入的溶液中包含调香师的调香盘中没有的分子时就更需要了。

按嗅觉系列或按数量排序，在配方清单上占一列，而后一列中则给出每种成分的重量。这些原料是按照特定的顺序一个个称量的。事实上，并非所有的原料都是液体，必须先称出固体产品（粉剂、膏剂、胶脂等），这样在搅拌时可以溶于体积较大的液体产品中（有时某些粉剂含量较高的配方还必须略微加热）。一旦配方中的所有成分都已称量好，且溶液是均匀的，所得即是最终的浓缩液，浓缩液必须用酒精稀释至调香师或客户决定的指定浓度。一般的建议是将产品在酒精中浸润几天，使其相互融合。这样一来，样品就能尽量接近上市的最终产品。可惜在实践中，由于项目太多、时间太紧，浸渍时间通常缩短到最低限度，而且往往在浓缩液称量后几分钟就会嗅闻溶液。

香水的挥发

通常根据香水配方中不同香调的挥发速率，将香调分成三个大类：

• 前调，最易挥发，最先被感知到；
• 中调，紧随前调，可以持续散发几小时；
• 最后是尾调，最持久，在衣物上可以留存多日。

但是香水的实际变换并不是如此直线式的：同一时刻，每种成分都会或多或少地挥发，在头几分钟感知尾调也是有可能的。

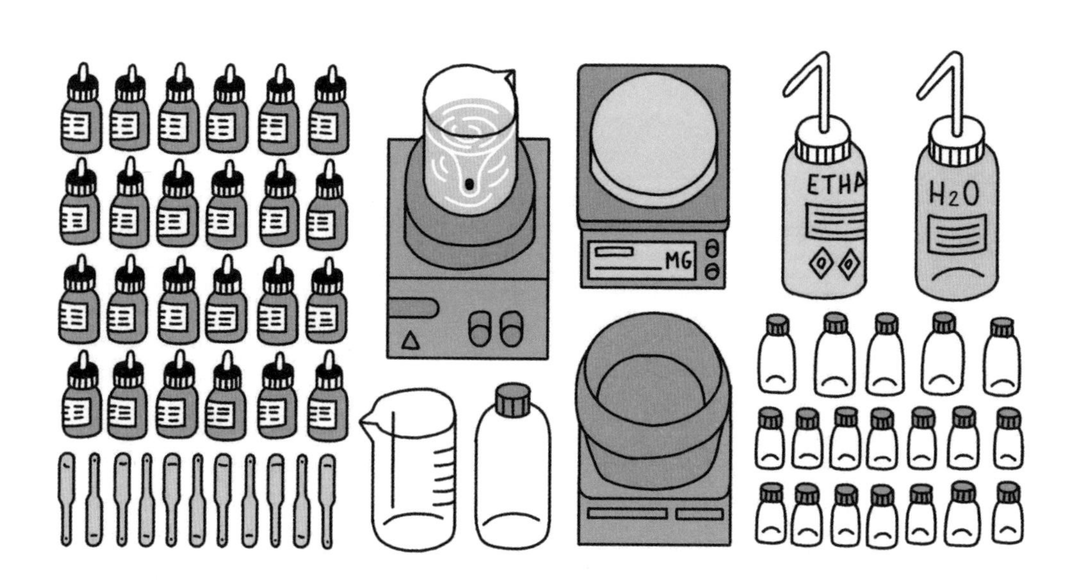

称量需要用到的实验室器具：

❶ 配方表上列明、存放于调香琴台[①]（perfume organ）上的成分。

❷ 用于吸取的小滴管，方便一滴一滴称量。

❸ 用于盛装混合不同成分的烧瓶或者烧杯。

❹ 磁悬浮搅拌器，用于快速混匀溶液。

❺ 高精度计量秤。这一昂贵仪器可以精确称量至毫克。

❻ 用于融化任何固态原料的水浴设备。

❼ 蒸馏水和乙醇，用于稀释称量好的浓缩液。

❽ 2 至 10 毫升的小瓶，装不同的浓缩液和稀释液。

① 调香琴台：参见下一页。

调香琴台

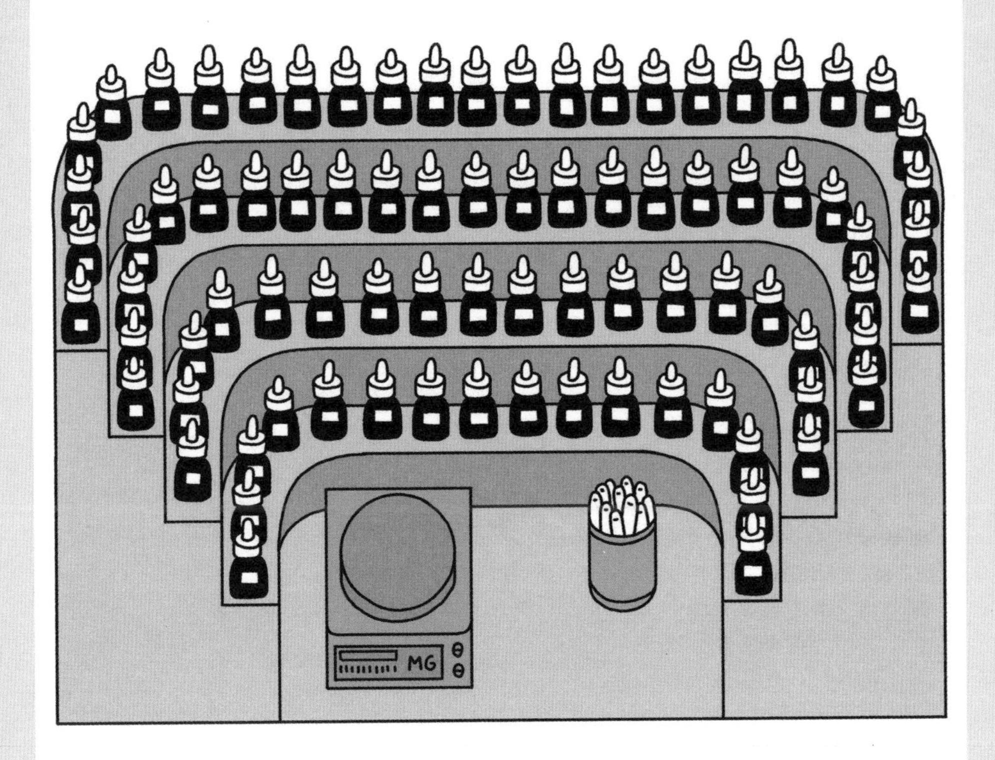

调香琴台是创香实验室内存放各种原料成分的设备。精密秤居中，用来称量超级小滴的原料，可精确至毫克。每个创香实验室都有自己的原料目录，包含 2000 至 3000 种不同产品，调香师可以从中组建自己的成分调香盘。这些成分通常也能在调香琴台上找到，从几百个到几千个，每个调香师所用到的数量不等。调香琴台可能有不同形态，最广为人知的是类似圆形剧场的半圆形阶梯状工作台，原料变成观众，而计量秤是舞台。如今，调香琴台更像是一层层排列的书架，架在实验室条桌上，桌上有精密秤，而各个公司和实验室的调香琴台都稍有变化。“馨香乐器”[①]（scent organ）的概念出自阿道司 · 赫胥黎的小说《美妙的新世界》（又译作《美丽新世界》——编者注），本身就富有诗意，在原料成分与作曲家所用的旋律音调之间建立了联系。仿佛自卑心理作祟，香水业经常从其他艺术领域借用语汇，调香琴台就是从音乐借用，此外也从绘画借用。

① 馨香乐器：出自阿道司 · 赫胥黎所著小说《美妙的新世界》第十一章，是一台能自动发散不同香气的乐器。（孙法理译，译林出版社，2013 年版）

香水浓度：质量与体积之谜

一款香水总是由它的浓度，即稀释在酒精溶液中浓缩物的量来定义，从一些古龙水的5%到顶级品质香精的30%不等。但这个百分比到底是什么意思：质量百分比浓度？体积百分比浓度？还是二者皆有？

19世纪，所有浓缩液和酒精都是按体积来计量的，这非常实用。随着计量秤的使用（先是天平，后从20世纪60年代开始使用电子秤），变成了“质量/体积”（W/V）的测量法，所以浓度为10%（W/V）是指100毫升的酒精溶液中含有10克的浓缩液。但是使用计量秤时，我们知道浓缩液的密度接近于水的密度（1克/厘米^3），而酒精的密度是0.8克/厘米^3，这时候想要弄清浓缩液、酒精和水的准确剂量就不是一件易事了。幸运的是，有些对照表可以准确地显示出在给定的剂量下，需要混合多少量才能达到特定的体积。

如今，为了确定配方的成本并确保其符合规定，各品牌往往会设定一个“质量/质量”（W/W）比例，也就是说，10%（W/W）的剂量是100克（3.52盎司）酒精溶液配10克（0.35盎司）浓缩液。尽管如此，日常依然使用质量/体积，因为更容易计算出最终香水的体积。利用对照表，可以在不同体系间换算。例如：10%（W/W）= 8.5%（W/V）。一个疏漏或错误会对配方及总成本产生严重影响，因此在记录百分比时要格外小心！

100毫升
浓度为10%的质量/体积比

66.76克
酒精

8.49克
水

10克
浓缩液

100毫升
浓度为10%的质量/质量比

66.08克
酒精

10.64克
水

8.52克
浓缩液

评估试验配方

要检验配方是否符合调香师的要求，需要先用酒精稀释，以试香条蘸取再闻（不要直接闻香精浓缩液）：是否有哪些成分不合适？平衡度是否对应着香水讲述的故事？是否还缺少重要的成分？这时调香师就需要增加一种成分的比例，同时减少另一种成分的比例；增加一种成分也许只需分毫，也许需要很大剂量，甚至需要加入一个谐调，删除混淆信息的香味，如此等等。从一开始就存在众多可能。然后，调香师会从上一次的试验配方开始进行调整，在配方表上新的一栏上记下每次的新试验配方，然后返给助理重新称量。试验配方更常见的叫法“修订”（mods），在这一过程中调香师越来越接近香水的核心架构。

即使香水并未达成最终结果，组成了配方主体的香水架构会不断与其他成分混合、调制：配方也许还缺点东西（微妙的差异、变化、对比、强度、持久度、细腻度和质感等），或者某个谐调与其他谐调不匹配。在这种情况下，依然可以创造出所谓的“核心配方”。配方本身的所有元素在香水的不断变化中都很协调，就好像房屋的墙已经搭建至建筑师满意的程度，而装修工作还未进行。调香师就从这个基础开始，大量地称量出产品，以便有足够的产品去尝试一些不同的途径，从而产生众多的“修订”，直到配方完成。调香师的嗅觉善于感知不同，通过对比很容易发现区别，所以他们会保留同个项目的所有试验配方以便互相对比。这种对比的方法能轻易发现微妙差异，确认修订的均衡度，保证与调香师的目标一致。在项目收尾时，评香通常不会比较配方的变体，这样可以把试验配方当作一个完整的而且已完成的香水来考虑。调配随连续试验的进行而进展，虽然调香师对于香水的效果会有远景规划，但是也不免会有一定程度的试错和偏差，有时候甚至会走上歧路或者撞上南墙。但是随调配的进展，有时候会产生新的想法，有可能配方的演变把调香师带偏……

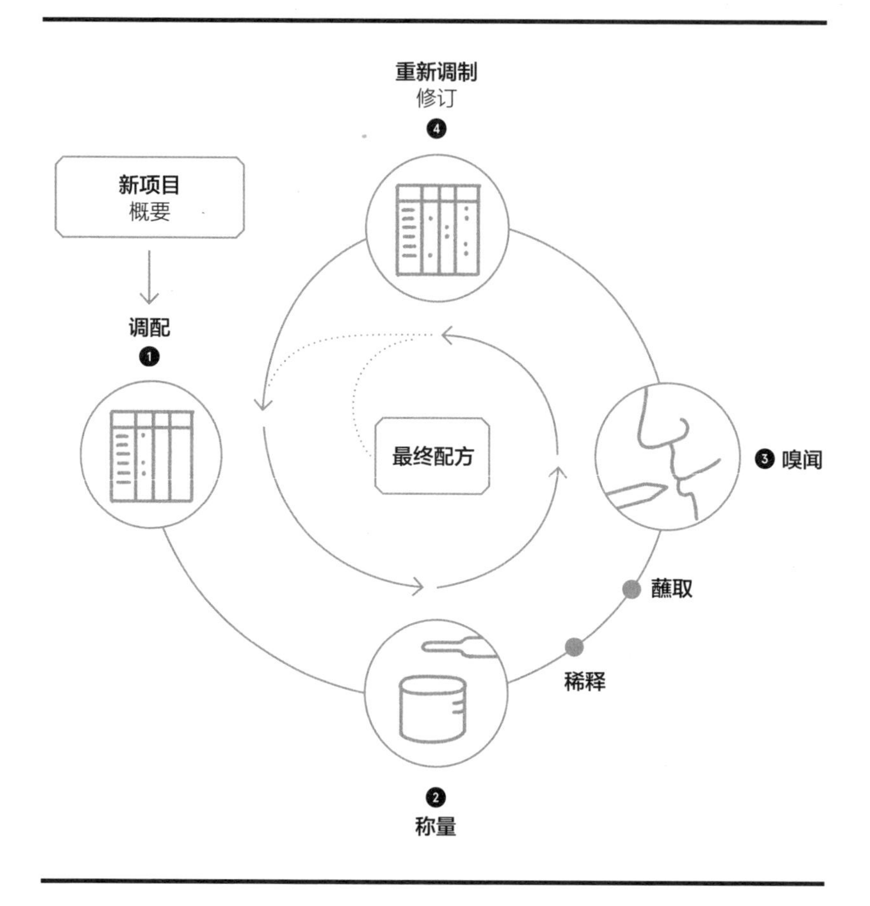

完成配方

怎么知道一款香水完成了呢？这是个许多调香师也难以回答的大问题。就像大多数的创意领域一样，一个项目完全有可能无休止地进行下去。但是在现实中，调香师很少做最后的决断，香水制造很大程度上是一种定制化的艺术，而且要遵循商业逻辑，很多时候最后期限决定了香水的完成时间。尽管如此，当流露出终结的气息，感觉上完满时，香水就完成了。这听起来有点奇怪，但是一款香水成品的确有它自己的和谐感，其理念清晰，它所蕴含的故事也与最初的理念相符。从配方的角度而言，就算不断改进新的试验配方，香水在形态上也不再真正有所改变，不会

有太戏剧性的变化或与所蕴含的故事相去甚远，此时就说明它完成了。要理解如何完成一款香水，最好的训练是用鼻子去复制经典香水。这能让你理解一款香水，深入理解其架构、均衡度。最重要的是，让调香师学会去“微调”。当他们复制的香水与原版一致的时候，就会明白目标已经达成。当试验配方的特征无法改变，其架构稳固时，香水就完成了。

最后一轮的消费者测试（参见本书第 132 页）、对稳定性的强制检验以及合规核查都会为某些决定提供信息，在这之后，香水的最终获批就近在眼前了。根据其身份地位、他们的雇主以及商业模式的差异，调香师的日常工作及开发配方的方式会有所不同。

老将带新兵
多米蒂耶 · 米沙隆 – 贝尔捷，IFF

学习成为调香师的过程是出了名的漫长与繁复。离开学校不是终点，甚至可以说，离开学校学习才真正开始，因为香水公司通常会继续培训他们年轻的新人，将他们置于一位或多位经验丰富的创香师的羽翼之下。正如 IFF 的高级调香师多米蒂耶 · 米沙隆 – 贝尔捷解释的那样，这是一个相互充实的机会，这种模式在 IFF 被广泛使用。

IFF 每年都会招募调香师学员，并由资深调香师对其进行培训。这个过程是怎样的呢？学徒制一直存在，我相信，在行业内的所有公司都存在。没有人在离开 ISIPCA 时就成了调香师。学校会教给你基础知识、一般文化，但要想成为自主调香师，你还必须在工作中学习。就我自己而言，在获得有机化学学位后，我在 IFF 接受了 4 位调香师的培训，为期 4 年，然后就读于 ISIPCA。此后的变化是，IFF 通过建立内部学校，使学徒制度正规化。ISIPCA 硕士学位课程是与 IFF 合作设立的，硕士课程结束后，IFF 每年会从获得该学位的人中或从公司内部招募 10 到 15 名学员。依据学员的基本功，IFF 会为他们安排 3 至 5 年的学术课程，学员可借此深入了解组成 IFF 调香盘的各种成分。他们有机会在世界各地尝试各种不同的调香形式（精细香精和功能性香精）。他们每个人都有一位导师，导师会定期为其安排实践练习，帮助他们提升技能。除了导师外，学员们在培训期间还有机会结识其他调香师。例如，如果他们去新加坡工作两个月从事与织物柔顺剂有关的工作，那么当地的一位专门从事该类别工作的调香师将指导他们的工作。

学生和导师如何选择对方？这其实不是选择的问题。配对是以一种相当务实的方式完成的。当学生到来时，我们会根据其培训经历和背景，决定哪位调香师最能帮助他们进步。

是不是所有的调香师都有资格担任这个导师角色？在 IFF，调香师最先是学员，然后是初级调香师、高级调香师、调香 VP（副总监），最后才是调香大师。虽然我们的学生都可以从公司的每个人那里非正式地学习，但高级调香师及以上才会被指派为导师。

具体地说，是什么样的交流与合作为学习提供基础保障？这在很大程度上取决于每个导师。虽有框架，但万事皆有可能，每个学徒期都是个性化的。通常调香师会帮助学生熟悉原料，然后让他创造谐调，一开始简单，然后越来越复杂，直到创作出一款香水。然后，学生可以与调香师合作进行小规模的项目。作为调香师，你可以借此一开眼界，发挥自己的专业优势，同时如果学生能力很强，也可以学他人之技，长自身之长。当他们自发地做出选择，提出让我们思考的问题，或者向我们介绍他们与其他调香师一起发现的成分时，我们也会从中获益。

学徒期什么时候结束？学生要交“作业”，要学习多种原料，要创作若干谐调，还必须尝试所有的调香形式。一旦他们完成这一切，他们的进步得到检验，就能成为一个初级调香师。根据他们的能力、意愿，最重要的是 IFF 的需求，他们会被送往创意中心，在那里他们可以在一个特定的类别中提升自我。他们还需要 4 到 5 年的时间才能成为一名调香师。

选择调香盘

韦罗妮克·尼贝里，曼氏

除了配方工作，调香师们还经常不同程度地参与挑选成分的工作，这些成分构成了公司的调香盘。曼氏的调香师和高级香水副总裁韦罗妮克·尼贝里讨论了这项以调香师每天打交道的原料为核心的关键任务，有时这些原料可能会是调香师创意风格不可或缺的一部分。

在原料调香盘演变过程中，你扮演了什么角色？我在曼氏担任的职位有些不寻常，这与我的职业道路有关：在成为调香师之前，我获得了化学博士学位。在从事配方工作之外，我还在公司的科学委员会中有一席之位。委员会每两三个月召开一次会议，与会的有公司董事、研发部门的研究人员、监管和分析部门的人员以及代表调香师的我。旨在确定集团在天然成分和合成成分创新方面的战略，以便为调香师与调味师的调香盘带来新的精妙变化。作为调香师的发言人，我负责转达成分要求，这些要求可能是基于特定的客户项目，也可能是新兴的趋势，或者仅仅是我们的愿望。这些反馈意见是指导我们研发和推动特定成分开发的动力。一旦项目获得科学委员会的批准，我就会对每个开发阶段进行嗅觉检验，同时负责联络研发部门和调香师团队。

如何组织调香师开展开发调香盘原料的工作？我们的调香师小组大概每周见一次面，闻闻正在开发中的天然或合成原料。基于这些原料的嗅觉潜力，我们会做评估并分享各自对原料在配方中应用的想法。最终，我们必须达成共识，才能将它们纳入我们的调香盘。当一种成分不能得到一致认可时，我会问自己它是否值得后续开发。这种共识对调香师来说非常重要，这样他们就可以将新成分添加到各自的作品中。我们也会集体决定，有新成分加入时，哪些旧有成分可以从调香盘中删除。

你认为一家公司的特定调香盘会影响在那里工作的调香师的风格吗？在我的职业生涯中，我曾在不同的配方公司工作过，但我不认为这对我的风格有影响。诚然，在离开第一家公司时，我不得不放弃内控成分（独家非商业成分），但我发现其他成分也同样能激发我的灵感，为我打开新思路。我喜欢大朵的白花与木质香调，以及不同原料在我的配方中交锋的表现。于我而言，风格存在于调香师打造自己作品的具体方式中，就像珠宝商打造珠宝的结构一样。成分是我们镶嵌在珠宝金属结构的宝石，它们很重要，但仅凭它们不足以定义一种风格。

第5章 PERFUME DEVELOPMENT

香水的研发

本章作者：萨拉·布阿斯

一切都始于某个品牌及其创造香水的愿望。然后某天，某个配方准备好了，可以量产，装瓶，继而运往商店。而在这中间，还有调香师和整个团队的投入，往往耗时几年……

一个著名的全球品牌——姑且称之为 SWAG[①]——要发布一款新的香水。如果他们没有专属调香师，那么很有可能在与大集团谈妥授权协议后，由大集团开发香水。SWAG 的专门团队会与 BIG AROMA（芬芳馥郁）等少数几家成分公司接触。一般来说，这些公司同时生产和销售原料、高级香精和功能性香精的浓缩原液，以及食品调味料。除了在品牌内部工作的专属调香师和独立调香师外，还有一类调香师，他们受雇于成分公司，市场上绝大多数的香水都是由其调配的。

① SWAG：嘻哈文化用词，形容一种自信、有风格的状态。

配方公司的调香师

他们受雇于某家配方公司，同时开展多个项目，通常在任何时候手上都有15个左右的概要。“能者得胜”是他们的座右铭，他们不断地与属于竞争关系的配方公司的同行交锋。如果是负责同一个项目，还要与自己的同事竞争，因为赢家只有一个——除非是联名香水。在这种巨大的压力下，调香师必须具有屹立不倒、坚韧不拔的精神。对于每一个成功的项目（他们的提案被接受并将被推向市场的项目），他们往往要忍受几十次的失败。他们还必须有卓越的工作能力和专注力，因为他们的办公室里经常人满为患。他们还需要多面多能而且灵活，必须能快速地从一个客户转到另一个客户，从一个项目转到另一个项目……同时，有时也会在概要之外额外创作一些配方，以便让自己的想法自然流露，丰富自己的个人“配方库”。与艺术家拥有作品版权不同，调香师并不拥有他们创作的配方，他们的雇主拥有一切。作为雇员，他们领取固定的工资，根据当年的获奖数量、配方产生的收入和/或公司的全球营业额，他们会获得与利润挂钩的奖金。

新概要来了！

销售部门会发来信息。和其他公司一样，在BIG AROMA，每位销售代表都管理一个客户，即一个品牌或拥有多个品牌的集团。负责SWAG的销售代表会收到概要，或者一份文件，其中涉及创意宗旨、目标受众和市场、每千克浓缩原液的价格上限，甚至是计划投放市场的日期。或者应SWAG的要求，组织一次“概要说明会”——SWAG的团队与BIG AROMA公司内负责SWAG项目的客户经理和评香师会面。有时，会预选出负责该概要或者已经与SWAG有联络的调香师。如果是这种情况，相应的调香师也会出席上述会议。一旦收到概要，评香师就会缩小调香师团队的选择范围，并将启动工作的所有必要信息发给候选的调香师。如果是重要项目，BIG AROMA的5到6位，甚至所有的调香师，都会进行内部竞争。一些品牌通常会与某位香水顾问合作，该香水顾问的角色是独立评香师。香水顾问作为配方公司和品牌之间的中间人，可能会参与编写概要，选择提案，并让不同的调香师重新设计配方，直到做出最终的决定。

调香师的工作

编写配方、称量、闻香……不断重复直至提案令客户满意：无论在什么环境中工作，每位调香师的工作方式大多相同。但是在配方公司里，调香师不是孤身一人。调香师会配备一名个人助理或实验室技术员负责承担一定的任务，个人助理或实验室技术员主要职责是称量调香师的每一个配方，并且把用酒精稀释后的配方带回来（换句话说，在现实情形中，稀释为成品）让调香师闻香。此外，助理和技术员每天都会把客户经理和正在进行的项目的评香师带到调香师的办公室。客户经理的每日来访，会提供并获取项目的最新进展，确保客户和调香师之间信息交流双向顺畅。评香师是调香师关键的工作伙伴，他们会讨论一切关于香味的事宜。他们帮助调香师掌握项目概要，找到创新途径，并与他们一起嗅闻每个新的试验配方，与之前的版本进行比较评估。评香师会掌握所有的信息，因此，在工作中，他们能够同时考虑到客户的要求和参考基准（确定为客户做参照的竞争对手的产品）。最终，评香师会决定把调香师的哪一个提案报给客户——有时，一个都不提。

调香师、评香师、客户经理：精锐小队

在配方公司里，调香师从来都不单打独斗。每一天，评香师、客户经理和调香师都会组成三方小队，各方的工作角色确保单个项目的整体成功。

客户经理：协调者

客户经理负责“投资者”，即一个或多个品牌，甚至是多品牌的集团，客户经理是客户对接配方公司的单点联络人。客户经理是概要的初始接收人，在浓缩原液交付之前，他们要负责各个项目的顺利运行。他们的主要职责是让同一个项目的每位参与者之间都保持顺畅的沟通，包括客户、调香师、评香师、消费者观察小组、法务和研发团队、实验室以及生产制造链。他们整体把控项目，清楚组织内每个人的角色，并且要能够应对甚至预判任何情形，不管是预算、项目日程或者是客户概要的变化，还是公司内部遇到的问题。

主要挑战：

找到恰当的平衡点，既能为客户提供最优服务，也能巧妙管理公司物料及人力资源。

评价者：香水师的影子

大多数评香师是女性。她们也会被分配到一系列品牌中与调香师紧密合作，讨论嗅觉的部分：调香师的每一个创作都必须经过评香师的鼻子品嗅。

评香师有时候被描述成“翻译者”，针对品牌所需和调香师应该如何达成品牌的意愿进行翻译，她们必须熟悉客户的情况并理解市场的品味和期望，还要对调香师的作品集了如指掌。作品集是一个配方库，也被称为“专辑”，包含调香师创作过的各个主题。从项目开发之始，评香师就帮助调香师理解概要并提出想法（有时从调香师的专辑中获取），评香师会监督每次修订直至最后一版，从而帮助调香师调出可能胜出的提报配方。对客户而言，评香师会确保调香师在客户的项目上花时间、以良好状态进行工作，确保 BIG AROMA 只向客户提供“原创”的提案，提供和竞争公司完全不同的香水。

主要挑战：

认清市场现实、客户需求以及要承担的风险（对于任何形式的艺术尝试，风险都至关重要），并且平衡这些要素。

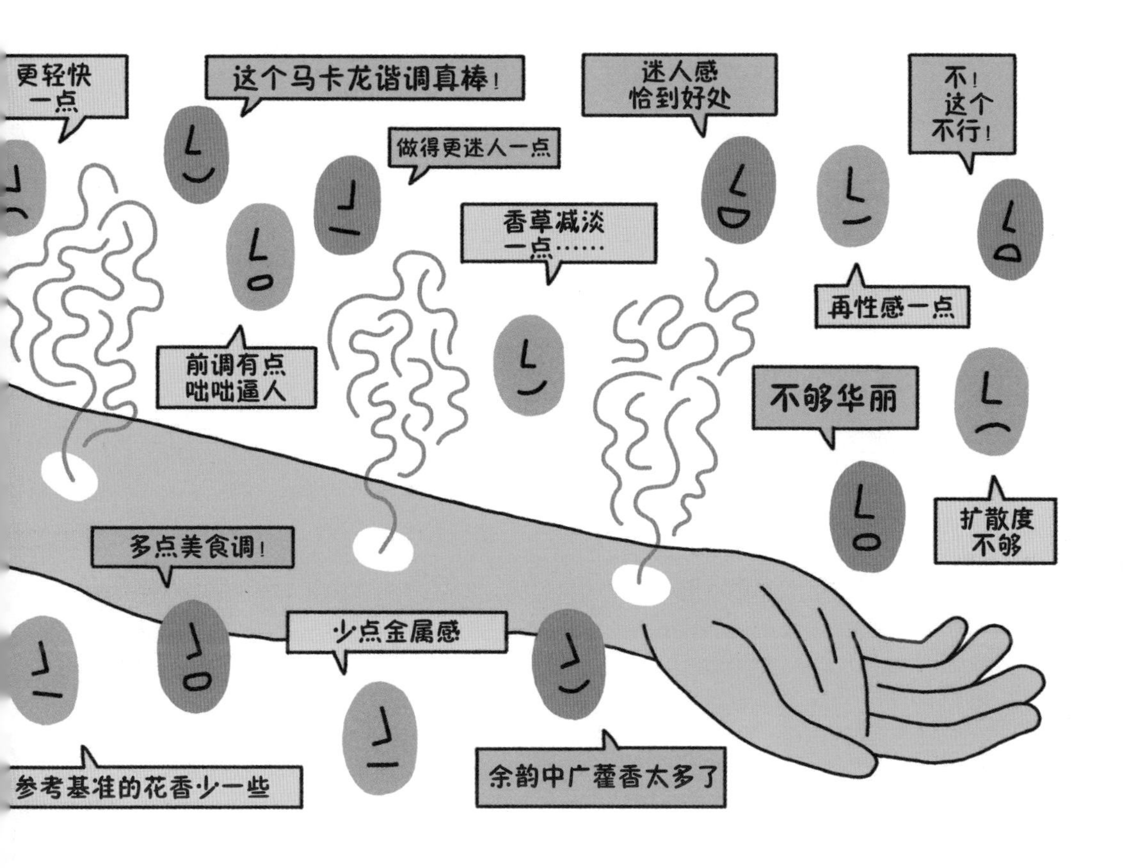

客户提报

在整个研发阶段，BIG AROMA 会定期向 SWAG 展示调香师正在着手进行的不同创意尝试。试验配方会送达客户，或者在开会时一起闻香，要在试香纸上试闻，也经常会在皮肤上试闻，比如在评香师的手臂上，从而获得真实的状况下的香味印象。客户提报一开始是每 3 到 4 周一次，逐渐变成每周一次，甚至在项目结束时变成每天一次。对 SWAG 来说，风险很大。他们团队会判断这些提案是否令人满意且是否值得后续开发，要指出哪些应保留，哪些应改变，由此决定下一阶段的任务。他们会确定某些提案不适合他们的品牌，同样也会决定让某个调香师，甚至整个公司出局。

修改循环

在每次交出新的提案后，SWAG 会给出意见让 BIG AROMA 改进提案。调香师不一定出席提报会，所以客户经理和评香师会向他详细说明客户提出的所有问题要点。这些要点可能与香水的审美（提报香味的形式）、特性（持久度、香迹或强度）或其他因素（例如，如果他们希望降低最终配方的成本）有关。按照反馈，调香师会调整配方，做出一个或多个“修订”，也就是同一主题下的后续配方。根据项目，可能会有大量的“修订”，例如某个重要产品背后有数千个“修订”，这种情形也属常见。有些“修订”需要对提报的香味形式进行重大修改，但另外一些“修订”则是微调细节，也许几乎难以察觉。

寻找胜者

来自 SWAG 的反馈并不是对研发中的香水进行修订的唯一动力。大多数品牌都会进行消费者测试（参见本书第 132 页）。在整个项目的研发阶段，以及更上游的阶段，BIG AROMA 依靠他们的 CI 部门——CI 代表消费者洞察（Consumer Insight）——对调香师的作品进行测试和分析，使研发团队能够明确工作的重点，从而引导他们提出一个不仅符合客户要求而且符合市场期望的提案。换句话说，SWAG 在研发阶段收尾时将进行最终测试，一个更有可能击败竞争对手的提案，会帮助他们的团队决定对剩下的、仍在竞标中的提案做出取舍。

	1	2	3	4
整体评价	+	++	−	+
清新	−	+	−	+
甜美	−	+	−	+
浓郁	+	+	+	−
现代	−	+	−	+
迷人	+	+	−	−
胜者	×	✓	×	×

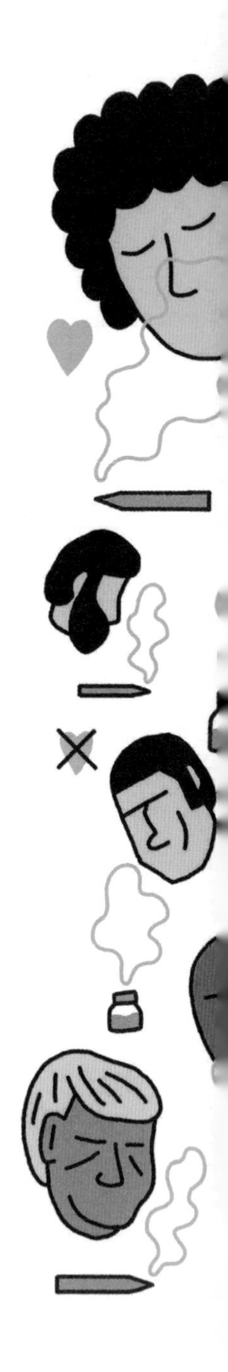

消费者测试

这类测试最初是农作物食品行业以及配方公司的家居护理和身体护理部门所采取的手段，在2000年初逐步被运用到了高级香水业，测试的目的是了解并预测在某个确定市场内消费者的口味与行为，被测品与研发中的产品可能无关，也可能有关。

上游

在一家配方公司中，CI部门以数据支持研发团队的工作，帮助其辨析全球不同市场的嗅觉口味、习惯、期望和消费模式。他们通过将定量和定性测试外包给专业公司，然后在公司内部分析测试结果来获取市场信息。进行这些测试是每一款香水研发流程中的一部分，但也具有前瞻性，并且独立于任何特定项目。

定量测试，即所谓的基准测试，采取此法是为了更好地了解某一市场。拿出当地最畅销的香水的几个香味类别，由大约一百名消费者进行盲闻。通过研究消费者对每款香水的描述和打分，可以确定诸如中国偏好果香和清新花香，由此认识到应该把什么类型的配方提交给目标市场的客户，从一开始就提升切中要点的概率。

定性测试让CI清楚品牌构建的世界观以及消费者对其期望。通过对由10至15名消费者组成的焦点小组进行测试，衡量消费者对品牌的反响，并在分析出结果后，确定香味参数，为品牌项目的启动提供一个框架。

在研发过程中，SWAG会定期对不同的竞标提案进行定量测试，以便缩减或淘汰特定的竞标者。测试逐渐变得越来越严格，首先是闻香测试，一个平均人数为200的代表组会跟在商店里一样，在试香纸以及皮肤上闻香，随后完成一份问卷。接下来，便是闻香和使用测试环节，消费者将香水样品带走，在一周至一个月内每天使用。在回家使用之后，研究人员会通过电话收集意见。

在SWAG进行测试之前，BIG AROMA会先开展自己的预测，这几乎贯穿于所有的研发项目。他们使用同样的方法（人数较少的组别和较短的时间），并纳入一个重要的因素：基准。基准或是目标市场的畅销产品之一，或是SWAG在概要中明确提到的产品（“我们希望推出一款比某某产品更畅销的香水”），抑或是BIG AROMA通过对该特定市场进行测试和研究后确定的产品。正在研发的香水与基准香水并排闻香，要想让正在研发的香水测试结果好，必须得分更高。这种成体系的比较对创作有很大的影响，因为当一款正在研发的香水未能“胜过基准”时，调香师们就会剖析原因从而更好地了解基准的长项，并据此重新进行创作以达成优秀测试产品——一款能通过测试的香水。冒着失去自身个性的风险？在业界努力将风险降至最低的大环境下，行业对统计数据的重视程度超过了对艺术团队或总监的信心，发表原创性的香味宣言也成为一场艰苦的斗争。

最终测试

当竞争中只剩下几个提案，SWAG会展开大规模的闻香和使用测试。由于赌注更大，会采用更大规模的小组测试，而且几乎总是要在多个国家开展国际性的新品测试。而在“品牌”测试阶段，SWAG会将品牌，甚至概念告知测试者，以评估香水各市场特定领域的反馈是否一致。测试结果将帮助团队选出项目的全胜方。

共同署名

两位调香师协力创作香水的情况愈发普遍。这种共同完成任务的方式可能出于几个原因：如果 SWAG 计划发布国际化产品，BIG AROMA 可以提供两名调香师参与竞标，如果从竞标中胜出，两位调香师能在发布时同时参与到世界各地的活动中。在这种情况下，两位调香师在 BIG AROMA 的两个不同的办公室工作是很正常的，例如一个在巴黎，另一个在纽约。但也有可能发生的情况是，这些共同署名的香水更多是出于务实而非策略性的选择。在研发过程中，有时调香师会遇到困难：太多项目需要同时进行，难以调制出符合客户意愿的提案……遇到这种情况时，配方公司可能会决定向公司另一位调香师“公开配方”，派他来帮忙，暂时接手，或代替完成项目（甚至是代表原本的调香师，但却是非正式的）。

我们中标了

或者落选了……二者必居其一。在追逐"胜利"的比赛中，领奖台上没有银牌或第二名的位置。只有提案被 SWAG 接受的配方公司才会与本品牌签订合同，根据所述配方提供指定数量的浓缩原液。因此，只有一家公司会因为在研发过程中已经付诸实施的工作而获得报酬，而他们的竞争对手则会"白白"工作几年。但是，大家都在同一条船上：每个配方公司都在研发中投入了资金，而并不保证能签订合同。大量签订的合同和他们在浓缩原液销售上所获的利润抵消了之前的损失。从最初的概要，到 SWAG 决定新香水竞标的胜出者，平均耗时两年。公司团队认可了最新提交给他们的一份修订提案，剩下的就是在开始生产之前敲定配方。

最终完成一款香水

根据项目的不同，香水研发中的这个重要环节可能持续六个月到一年不等。SWAG 锁定了认可的配方，这意味着确认。这样一来，除了 SWAG，这个配方就不能再提交或者销售给其他客户了。BIG AROMA 的信息系统会录入该配方，分配一个唯一代码，并且共享给各个部门，一同协作最终完成研发。

❶ **合规部门**生成香水获准销售的必要文件。他们要证明产品一方面符合其上市国家毒性相关规定，另一方面也要符合各个客户规定的细则，这些细则经常比前一种规定有更多的约束。

❷ **实验室**完成稳定性测试，这些贯穿于整个研发流程中，不同的修订提案其实都经历过该测试。实验室确保香水经得起时间的考验：在恒温箱中放两到三个月，通过加热（至大约 45 摄氏度）模拟出两或三年的陈化期，检验产品气味、化学成分和着色的所有变化。产品还要暴露在自然光和紫外线下。实验室要确认哪一种滤光剂、稳定剂和 / 或抗氧化剂需要加入配方中，以最大限度延长保质期。此外，他们还会调配出少量的浓缩原液（称为"先行品"，pilot），并且确认其浓缩度和对应的着色、黏稠度等物理特性。分析认证中会描述并且量化

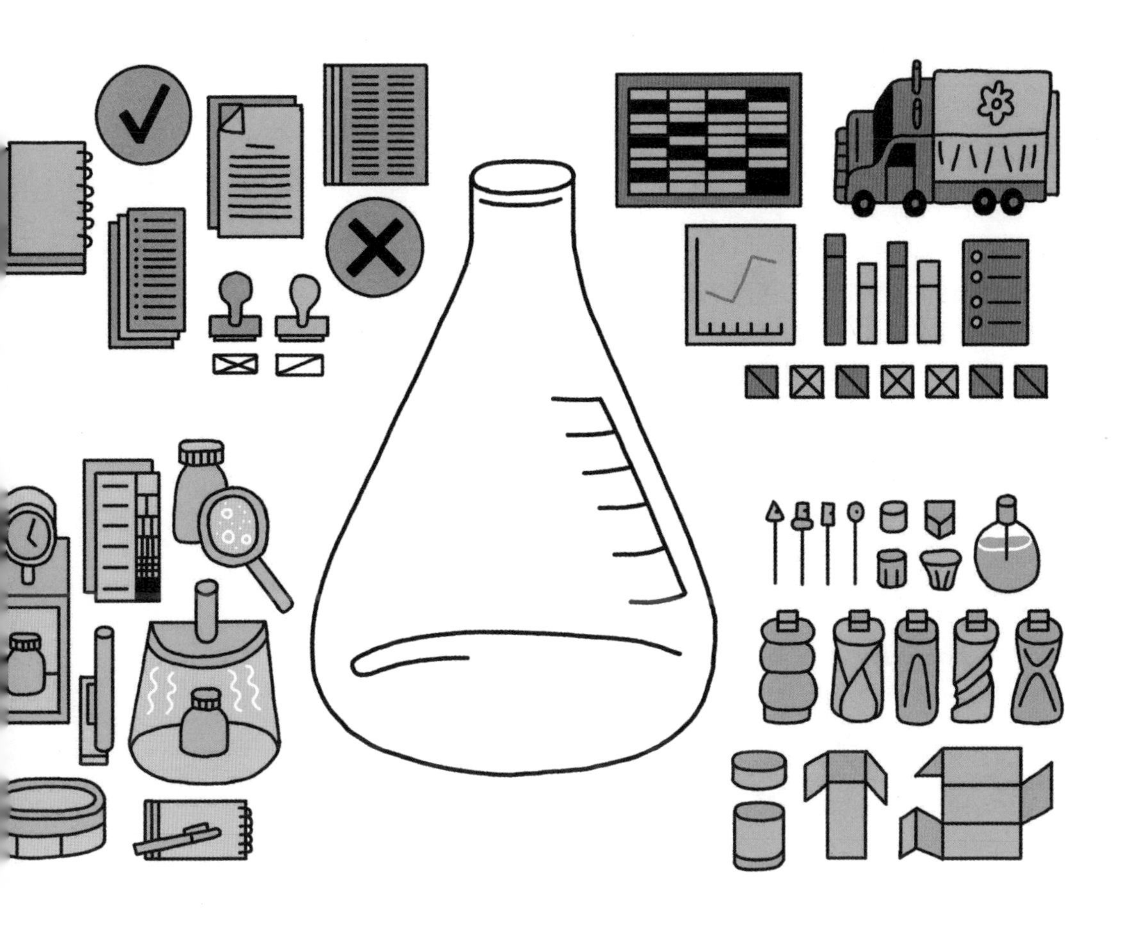

这些指标，然后提交至 SWAG，这样 SWAG 就能检查未来每一批次产品是否与“先行品”一致。

❸ **生产部门**研究配方，一方面是为了将配方生产转为规模量产，另一方面是为了保障生产配方所需的原料供应，从而能够达到客户要求的进度和数量。

❹ **SWAG** 会收到实验室提供的一批香水，可以让他们测试与瓶子、喷头和盖子等不同包装类别的匹配度。

只有以上这些阶段全部完成，才能开始生产香水。

专属调香师

专属调香师少到两只手就能数完，而他们的身影却总在我们视线中。从卡朗、卡地亚、香奈儿、迪奥到娇兰、爱马仕和路易威登，专属调香师的非凡表现不容忽视：这些高调的人物，在过去 10 年里代表了少数奢侈香水品牌巨头的专业性和创造力。对调香师而言，被这些大品牌聘用是一种荣誉，这等好事通常发生在他们职业生涯的后半段，而此时的他们已久经考验，证明了自己。

全方位的香味专家

专属调香师的职责是多方面的，不单单是创作新产品。调配香水固然是他们工作的一部分，但他们也要监管公司整个香水品类的生产，检查成品的嗅觉品质和完成度，哪怕产品是其他调香师创作的。当某个配方需要修改时，他们负责重新调配以符合新规，同时尽可能维持现有的气味表现。最后，在自己生产香水的企业里，调香师还负责采购原料，他们可能会从世界各地的供应商中选择，甚至根据自己的需要进行订购。他们不仅负责香水的创作，同时，他们也维护品牌的传承，并支持品牌香水的当下特色。

来自内部的概要

专属调香师经常会宣称，他们的署名作品源于自身的想象力，不受外部约束。这种情形偶尔属实。总的来说，市场部会与集团内特许产品（指单个产品或者一组产品）的负责人达成一致，制定好策略。例如说，

他们可能一起规定，品牌必须在未来 3 年内发布一款重要的男香，或者明年夏季要给公司最畅销的香水产品推出一个新版本。虽然专属调香师可以相对自由地提出自己的提案，但他们也清楚这些日程安排，且必须牢记截止日期。

市场部，第一联络部门

专属调香师的主要联络人是香水市场部负责人，如果品牌同时还经营香水之外的业务，比如时装和化妆品，那么主要联络人就是首席市场官。他们每周一起开例会，讨论正在调制的香水，一起试闻针对目标市场所打磨的试验品，并且验证在整个研发过程中是否满足某些成功的关键要素，譬如说配方的扩散度和强度。会议的结果是，调香师会依照经典的修订体系完善他们的提案。通常消费者代表测试会贯穿在香水的整个研发过程中，测试次数与所发布产品的规模成正比。配方获得首席市场官——即将上市产品的最终决策者认可之前，都会不断进行新的修订。

一个好汉三个帮

专属调香师貌似独处象牙塔中，形单影只，这并不全对，他们也可以调用许多外部资源。如果品牌香水的浓缩原液是某个配方公司生产的，那么该公司会通过报告的形式，解读当下市场趋势，探索新的灵感源泉，以此支持专属调香师。甚至在研发阶段，如遇技术困难和问题，不管是关于产品的评香还是实际配方，配方公司也能为专属调香师团队提供支持。

明星调香师

媒体越来越多地追捧各类调香师，如调香师还是雇主品牌的形象代言人之一，则更被热捧。供职于配方公司的调香师只在客户产品发布时为产品揭幕。与之相比，专属调香师则长期与服务品牌联系在一起。专属调香师作为荣誉发言人，会飞往世界各地参加发布会和采访，这种代言和向公众宣传的工作，占了他们所负责工作的大部分。

生产的问题

具备必要条件，能自行生产香水的品牌很少。除了拥有自己工厂的品牌，其他品牌会将浓缩原液的生产外包给某个配方公司。有些情况下，为了保守商业机密，品牌寄送出的配方并不完整，后续才会完善。

独立调香师

独立调香师们往往是香水爱好者，他们选择独立创香，并赋予其香水以生命。因为这并不是一份容易的差事，一路走来陷阱重重。他们也许操持着自有品牌，或者间或受雇于其他企业进行独立创作——有点像自由职业调香师。

最重要的是自己当老板

供职于配方公司的调香师能得到公司的有力支持，并且可以把各类任务分派给其他人。和他们不同，独立调香师身兼数职。因为他们是老板，要运营自己的生意！为了让生意顺利运营，如果有条件，他们可能会把一部分工作交给他人，但独立调香师依然要分身有术：从市场调研、供货采购到支付票据，调香师兼企业家的职责远不止创作调香。但是由于他们负责的项目数量要少很多，他们可以投入更多的时间给每个项目。如果他们为其他品牌调香，他们和品牌代表间的联系也会更紧密、更专一。

自己就是概要

经营自己品牌的调香师拥有一项优势，那就是他们可以遵照自己的创作灵感行事，没有外来的概要，也无须讨好客户！不管源自旅行中起意的念头，还是想要赞颂某种原料，由于有着独特的个性和锋芒，他们的香水常常从主流香水中脱颖而出。话虽如此，如果独立调香师想要维持好生意的话，依然需要赢利。因此，他们的作品不能完全与市场趋势脱节。亲自走访竞品店铺，出席贸易展销会，与客户和分销商交流，调香师必须通过这些途径，跟上最新趋势。一闪而来的灵感让一款香水“从无到有”，这种情况虽时有发生，但是独立调香师的配方常常要兼顾个人眼光与所营业务的经济现实，是二者的折中。

实验室与助理

任何调香师都必须试闻他们正在创作的香水，同样他们也必须能随时取用创作所需的原料。因此每个独立的调香师都有一个实验室，里面有他们个人目录册中的所有原料。如果香水生产是外包出去的，那么这些原料属于分包商。

独立创作

如果没有客户、评香师，也没有消费者测评组，那么外部视角从何而来呢？独立调香师常会与员工或者朋友家人探讨正在研发的作品。这些随机的测试者闻过试验品后，给出对试验品的第一印象，他们也可能会好几天在身上试用这些试验品，这样调香师就能观察香水在不同肌肤上的发展变化。这种视角非常宝贵，能避免调香师盲目冒进，也让他们在恰当的时候可以自信地宣布：“就是这个味，我的香水完成了！”

为他人创作

有时候，其他某个公司想发布一款香水，也会找到有自己品牌的调香师。如果该公司与调香师有特定合作关系，可能会直接将项目委托给调香师。但更常见的情形是，与若干独立调香师一同收到相同的项目概要，并且得知自己要与 BIG AROMA 这样的大型配方公司竞争。

生产自己的香水

BIG AROMA 拥有全部基础设施和资源以供生产香水浓缩原液，与之不同，独立调香师通常将生产香水浓缩原液的工作外包出去（也有少数例外）。经过精心挑选并且对原料目录了然于心，他们才将自己的配方交给配方公司或者生产厂家。

中国崛起：全新的创香试验场
吕克·贝里耶，芬美意

我们和芬美意高级香水开发部总监吕克·贝里耶（Luc Berriet）在中国见面，讨论了中国这一快速变化的市场的具体情况、人文因素以及对与我们不同的文化的分析，由此所构筑的背景对于理解消费者期望是至关重要的。大众对高级香水的兴趣日益浓厚，为香水的创作方式注入了全新活力。

开发一款香水时，你在客户与调香师的关系中扮演怎样的角色？作为客户和调香师之间的纽带，我会设定嗅觉方向，指导创香过程。我会与客户建立信任关系，这对于紧密契合客户的需求并将其传达给调香师至关重要。这样的关系对调香师也很关键，可以保证所选之人最能满足客户概要，也可以指导调香师的工作，而且往往是远程指导。这个工作角色的根本是懂得倾听客户并给予其建议，还要懂得听从自己的直觉。

与其他市场相比，在中国创香有何不同？最大的不同是开发一款香水所需的时间。在美国或法国，整个过程可能需要两年，而在中国则只要几个月甚至几周。这意味着在概要阶段会有大量的上游分析工作，确保从一开始大方向正确。这个不同点反映了中国市场在香水领域之“年轻”。另一个不同点是大众的嗅觉文化与我们的不同，这影响了我们提出概要的方式。与其说是嗅觉需求，不如说是客户会唤起与其环境有关的画面和概念，这些都必须不断被解读，包括通过让客户闻香，这样我们才能勾画出他们的嗅觉档案。这种量身定制的方式涉及大量的分析工作。

自 2013 年你就任以来，嗅觉趋势及与香水的联系有何变化？这是一个正在经历解放的市场。虽然（中国市场）一度从欧洲国家或美国寻找灵感，但如今正在摆脱这个局面，找到自己的风格。“大众喜好清新或低调”这种想法如今已过时。中国的香水行业正变得愈发有创意、有品质，所以我们 2019 年在上海成立了高级香水工作室，将全部专业知识提供给我们的客户。从文化角度看，中国香水行业还有一个诱人的维度是我们前所未见的，这也丰富了我们的（创香）试验场。中国市场打开了全新大门，让我们不仅能寻求新的风格，也能以不同角度重新审视某些“轴心”风格。一款“远东调”（sino-oriental）的香水不会使用香草和劳丹脂，而是焚香和暖意香调。假如对我们来说，西普谐调与优雅韵致合拍，那么在中国，广藿香[①]则名声不佳，因为会让人想起小朋友生病时服用的饮剂。同样地，因为“茶”香调与中国文化紧密联系，得到极多的探索和提炼。在（中国）这里，美食调偏向咸和苦。最后，大家都非常亲近自然，会因梅花、樱花和桂花的开放而喜悦欢欣。这样一种文化，对我们来说，着实具有“挑战性”。

最后，您认为中国香水业未来如何？中国大众是世界奢侈品最大的消费群体。这种现象最终会引来中国对于奢侈品独特的看法。我们看到我们的项目反映了这种品味，即在嗅觉方面更加复杂和独特。能参与中国高级香水的崛起是令人着迷的：我们可以贡献专业的知识，但也需保持谦虚；最重要的是，我们必须懂得如何倾听。

---

① 广藿香香调是西普谐调中重要的组成部分。

人工智能程序逐渐成为香水研发流程中的一部分。如何在调香师的工作中加入这种全新手段？理性、数学的方式，与需要感性和主观性的创意流程，我们如何协调这两者呢？这是不是在拿香水的未来冒险？这项技术有时被认为具有革命性，IFF的高级调香师让-克里斯托夫·埃尔诺解释了其内涵，同时提醒我们人类直觉的重要性。

人工智能
让－克里斯托夫 · 埃尔诺，IFF

用于香水创作的人工智能由什么驱动？我们的工程师创造了超级算法，能够调用数据库（包含原料、配方、消费者数据等等）进行复杂运算。该算法工具很有用，因为不管是在数据的处理量上，还是分析的复杂性上，其能力都超过人类大脑。

它们能为调香师工作带来什么？从2006年起，我们在IFF就开始运用人工智能，我不得不说利用这项技术产出了一些惊人成果。例如，我在程序中输入了一款已经做过消费者测试的作品。我的初衷是按照测试组要求改进某些属性的表现力。我按照程序的精确指示，在目标属性的表现方面，重新调整，其结果确实比原来好。最惊人的是，程序给出的建议和我自己决定的做法总体上大相径庭。人工智能的主要价值，在于它能够针对配方提供一个截然不同的视角，并且促使人们使用新的成分。

随着这些程序的进步，我们还需要调香师吗？作为一名调香师，我自然既是法官也是陪审团，我觉得我们还需要调香师。人工智能的名字其实有误导性，并没有什么人工的“智能”。此刻切实存在的，是智能的假象。它其实管理被输入了算法的数据，而这些数据来自人类的创造。机器不参与纯粹的创作，它只是增强配方，而不是增强创作。它是调香师们的向导，是助手的一种形式，补充调香师的知识和专业性，而不是取代他们。

此外，在 IFF 内部，与调香师共事的专家为人工智能项目提供支持。

人工智能在实践中有何意义？为了创作出一流配方，你得有关于香水历史的丰富知识，还需具备感性、眼光和信念，但有时也需要某种无意识或者随机的干扰，这都是人工智能无法提供的。培训过我的皮埃尔·布尔东曾向我坦言，1988 年，他为大卫杜夫创作“冷水”时，决意重新探索馥奇香型，但他故意剔除了香豆素，而香豆素正是馥奇香型的标准组成之一。他动摇了馥奇的架构，将其变得越发清新。融入其中的是真正的一种创作动机以及一丝直觉。他告诉我他选用了一种成分——为了不泄露他的秘密，我就不点明了——他自己没有意识到，这种成分让他抬升了香水的绿意。过了好几年，他才搞明白这种成分所做的贡献。为了创作香水，皮埃尔同样需要坚定信念，因为他把这个配方提交给了多个项目。他的创意好几次进入最终回合，但都落选，因为和其他香水相比，它实在太鹤立鸡群了。尽管如此，皮埃尔还是相信自己的配方，最终“冷水”大获成功。因此，创作香水还是需要人脑的。但人工智能开启了全新可能，用一个词来概括就是“增强配方”。

第6章

PRODUCTION

香水的生产

本章作者：萨拉·布阿斯
德尔菲娜·德·施瓦特

不管是几升还是几千升，香水都是按同样的方法制造的。首先生产的是浓缩原液，也就是组成配方的芳香成分的混合物。接下来，把浓缩原液稀释到酒精中做成香水。最后，香水装瓶、包装后，运输到不同的销售点。整个流程非常清晰。

各个品牌对其香水的生产有不同程度的参与。有些品牌会负责每个步骤：这些品牌，或是小型独立品牌，产量低到可以按“手工匠造”的方式生产；或是与之相对的大品牌，拥有生产所需的必备基础设施和资源，可以完全自主地以工业规模量产。这一决定性特征使得这些品牌可以选择并且管理原料供应。然而，外包生产商往往在必要时调整目录，以确保生产能够适应初始配方。

绝大多数的情形是，品牌向配方公司付钱，制造一定量的浓缩原液，一般以千克计，这些浓缩原液都是在气派的工厂里生产的，人们进出工厂必须穿着白大褂和安全靴。品牌随后以酒精稀释浓缩原液，然后自行或者选用承包厂商包装成品香水。

生产浓缩原液

配方公司及少数大品牌大规模生产浓缩原液的流程非常复杂。

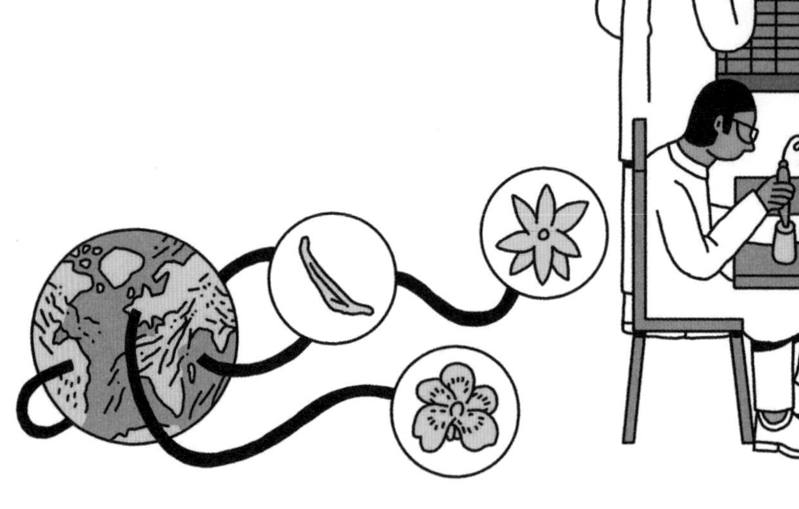

储存

从世界各地采购的天然与合成原料运抵工厂，根据原料不同，重量从 1 千克到几吨相去甚远。品质控制团队首先拆封每种原料的容器进行检测，他们通过鼻子闻，参照品控样品，查验内容物的香味。然后利用气相色谱仪器分析成分（参见本书第 111 页）。有些原料送来时是液态，有些则是蜡质的膏状、粉末状，甚至是不同大小的结晶体。所有原料都会重新装入带有唯一条码的储存容器中，然后编制索引，在最佳保存条件下保存，以便使其长时间内保持原料的化学和芬芳性质。依据原料不同，储存的最长时间可达 3 年。

液体原料分装在不锈钢罐中避免光照，并且保持恒温，通常是13摄氏度。一旦装瓶，每个瓶子都要“充气”：以氮气取代瓶中的氧气，以避免内容物氧化。

膏状原料储存在冷藏室中。

粉末状和结晶体原料在室温下储存。

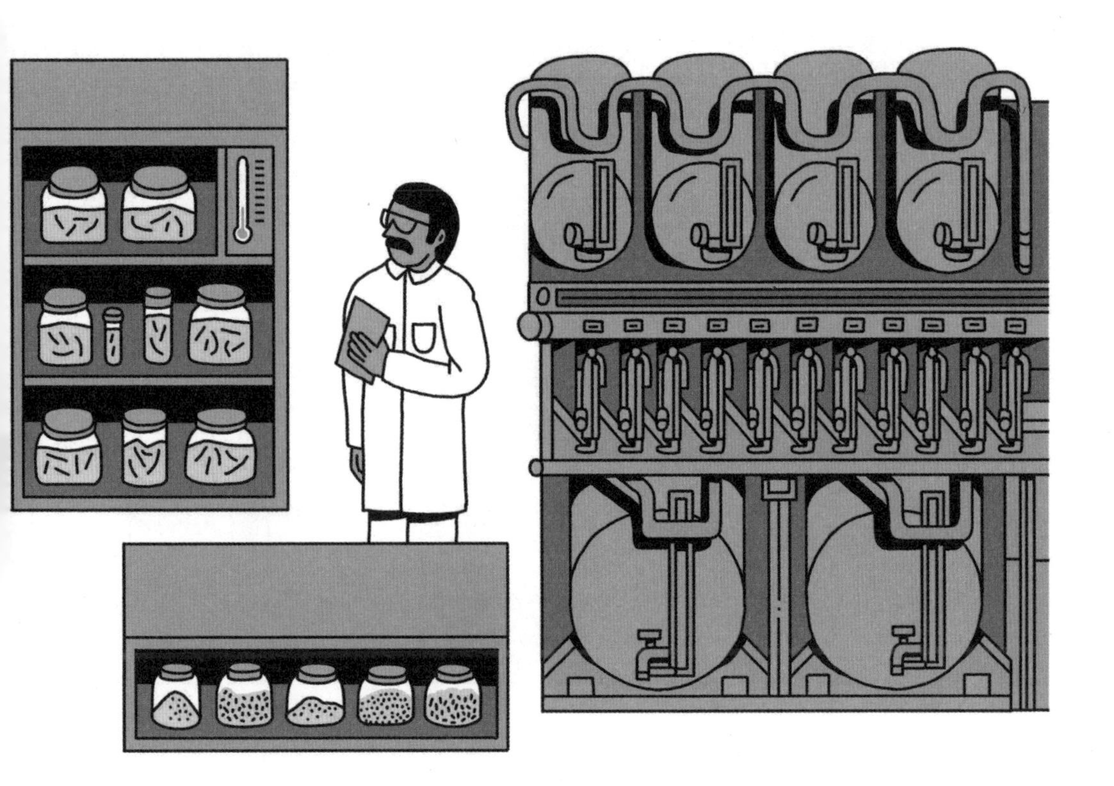

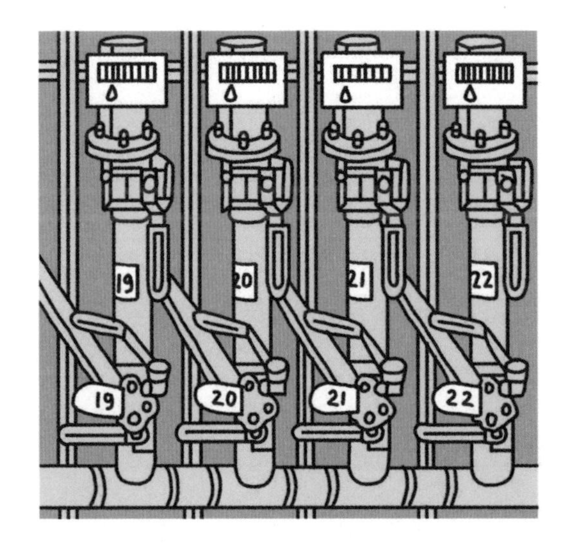

一种物质，一个编号

工厂内储存的所有原料都有唯一条码。条码粘在容器上，能便捷地提供关于原料的丰富信息：批次号、生产日期、到厂日期、有效日期和供应商名称等。

当香水在生产过程中进行称量（见下一页）时，会扫描每一种原料的条码，让技术人员可以检查批次号，确认原料没有过期，同时确保每瓶出厂的香水都可以溯源。

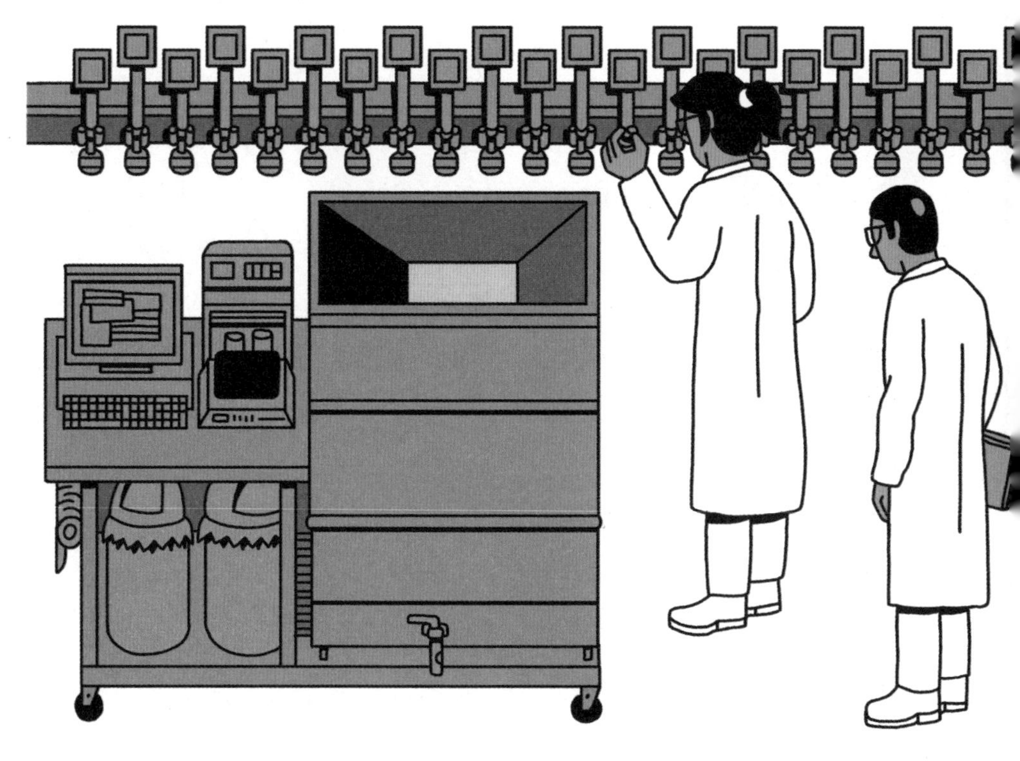

称量

术语“称量”的意思是将配方中所有成分按照指定比例混合在一起。例如说，若要按照配方生产 1 千克的浓缩原液，其中茉莉净油占混合物总重量的 1%，那么就需要 10 克这种成分。过去这个步骤耗时且痛苦，全靠技术人员精细的作业，他们使用高精度计量秤手动称量出配方所需的全部成分，然后在缸中混合。如今在工厂中，大部分的称量工作由电脑系统完成且高度自动化，使得这一流程更快：1 吨浓缩原液可以在几分钟内称量完成。每当要称量新的浓缩原液时，电脑会按照配方所示的比例，以及希望得到的浓缩原液总量计算出每种成分的所需量，对于主流香水，其所需的浓缩原液总量可能超过 10 吨。管道系统将原料从储存缸中传送到称量室。在这里，一个容器沿着传送带自行移动：容器会定位到每种成分的出液口下方，因采用一体化称量系统，出液口能把握准确的剂量。同时，配方中存在但不适用这套系统的所有原料则由技术人员手动称量并混合。这类原料包括大部分很少使用的原料、通常是小剂量使用的原料、

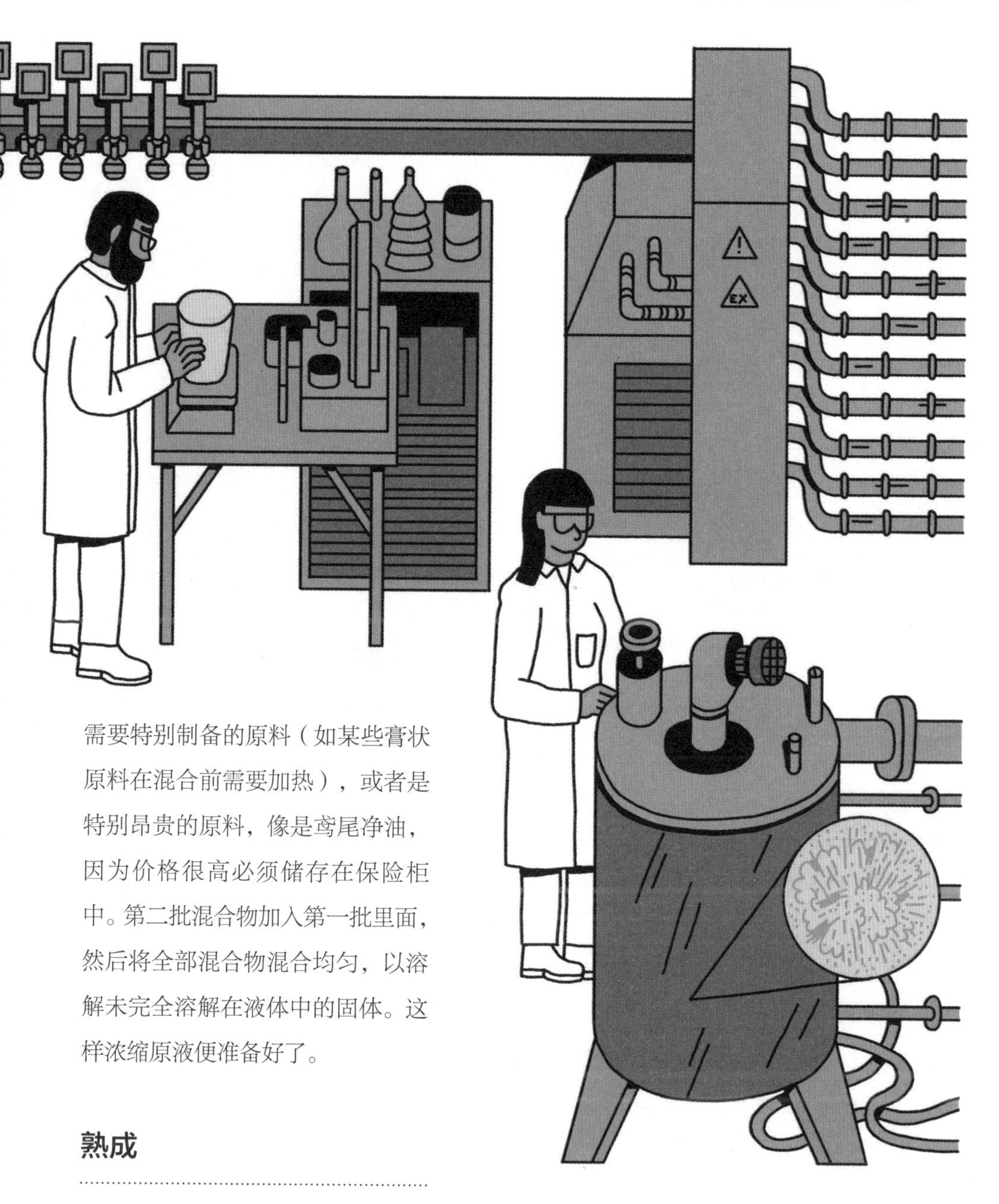

需要特别制备的原料（如某些膏状原料在混合前需要加热），或者是特别昂贵的原料，像是鸢尾净油，因为价格很高必须储存在保险柜中。第二批混合物加入第一批里面，然后将全部混合物混合均匀，以溶解未完全溶解在液体中的固体。这样浓缩原液便准备好了。

熟成

浓缩原液储存在大缸中待其熟成，用时从几天到3周不等。这样不同原料间可以发生多种化学反应，直到浓缩原液达成香味均衡的状态。该过程通常在13摄氏度的温度下进行，高于这个温度，混合物可能在遇到火花时被点燃。

生产香水

下单生产香水的品牌通常自行负责以酒精稀释浓缩原液。由其他承包商来完成这一步骤的情形较少。

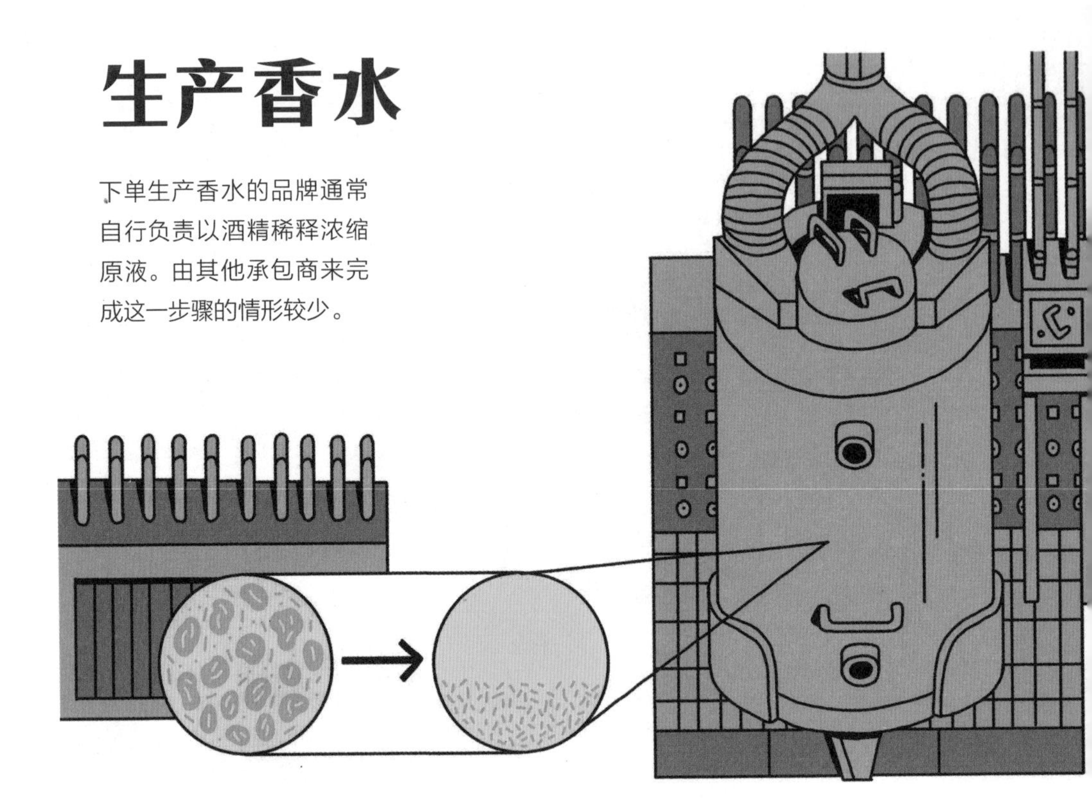

酒精稀释

到这一步，芬芳浓缩原液与90%浓度的酒精交融，我们才算真正地开始讨论“香水”。浓缩原液倒入装有酒精的大缸中，其比例取决于所需的产品，按照不同的香水，浓缩原液的比例从5%到30%不等。接下来，可能会加入稳定剂，例如紫外线吸收剂，以防止香水变色，同样还会加入一种或者多种色素，最后则是蒸馏水。最后加入的蒸馏水让浓度调节变得更容易（参见本书第114页），将酒精含量降低到允许的最高浓度79%，减缓香水在使用时的挥发速度。

浸润

这个步骤并非必需，但绝大多数时候会执行。让香水“静置”，使

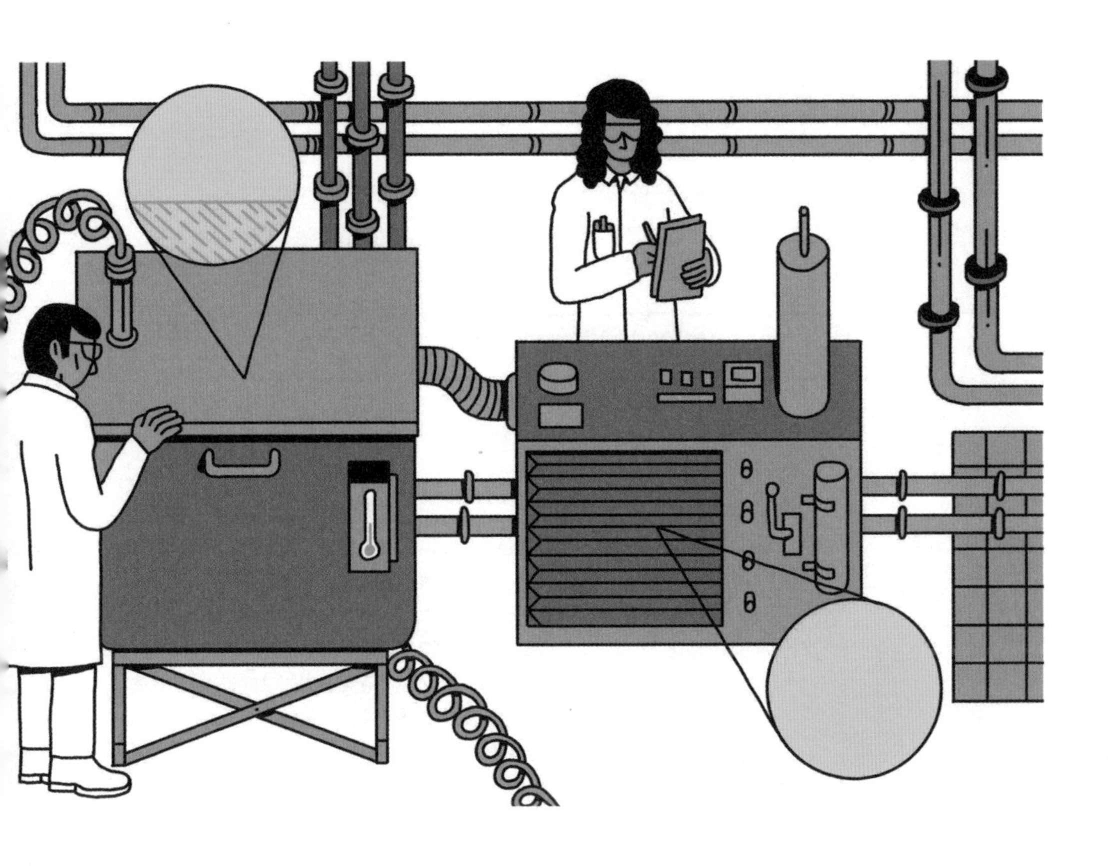

浓缩原液中某些植物成分的残留蜡质可以结块形成小团混凝体，往往小到肉眼几乎不可见。

冷却

香水会降温至 5 摄氏度以下，让浸润阶段产生的沉积物固化。

过滤

香水经过滤去除沉积物。等香水完全无杂质且晶莹剔透时，就可以准备装瓶了。

装瓶和包装

大多数情况下，香水的包装都是外包的，只有一小部分品牌自行包装自己的产品，例如小型的、手工匠造的品牌以及与之相反的大型品牌。

玻璃制造的工艺

香水制造的历史也是在玻璃瓶的基础上建立起来的。这些迷你的雕塑由火、水和空气共同铸造而成，第一次赋予了香水造型。给瓶子注入生命、形状需要一点炼金术，将沙子转变为玻璃。

首先，在沙子中加入苏打（碳酸钠）和石灰（氧化钙），以及被称为“玻璃屑”的回收碎玻璃。将混合物置于1600摄氏度的熔炉中使其熔化。这时，可以添加颜料。无论是透明的还是不透明的，无色的还是彩色的，要通过玻璃大师的技术，这些原料才能实现设计师的创意。接下来，把熔融的玻璃倒入模具中：每一份经测算分出来的量被称为“型坯”。通过外缘的闭合，一大坨玻璃做成的瓶子将会装满滴滴香水。在发热发光的玻璃体中以压缩空气吹出孔洞，让玻璃体紧贴模具内侧，制造出盛装香水的空间。脱模之后的玻璃瓶还要继续煅烧使表面更具光泽。为了让瓶子更坚固，还要放入退火窑，这是一种逐步退火或有控制地降温的炉子。冷却之后，就可以装饰瓶子了。压泵、喷雾嘴和盖子既可以密封瓶子，又可以喷出液体。品牌可以选择专属瓶身或者标准瓶身。第一种选择意味着定制化的设计和新开模（费用约为33770美元）；为了保证投资的回报，批量生产很重要。第二种选择是从标准造型的目录册中选择一款瓶子，这意味着成本大大降低，因为品牌只需购买实际的瓶子（每件不到1美元，无装饰）。然后可以通过设计装饰所选的瓶身，使之与众不同。

装瓶

装有香水的大缸通过管道与生产线相连，在生产线上瓶子在传送带上通过，接受各种高精度机器的操作。技术人员对整个过程进行监督和监测。如果出现问题，他们就会介入，有时也会进行一些需要人工干预的特定作业，特别是填充和打磨“名贵”香水瓶，这种瓶子的某些元素，例如薄膜封瓶、缠线和蜡印都需要手工完成。每瓶香水的装瓶过程，通常只需不到一分钟就能完成。

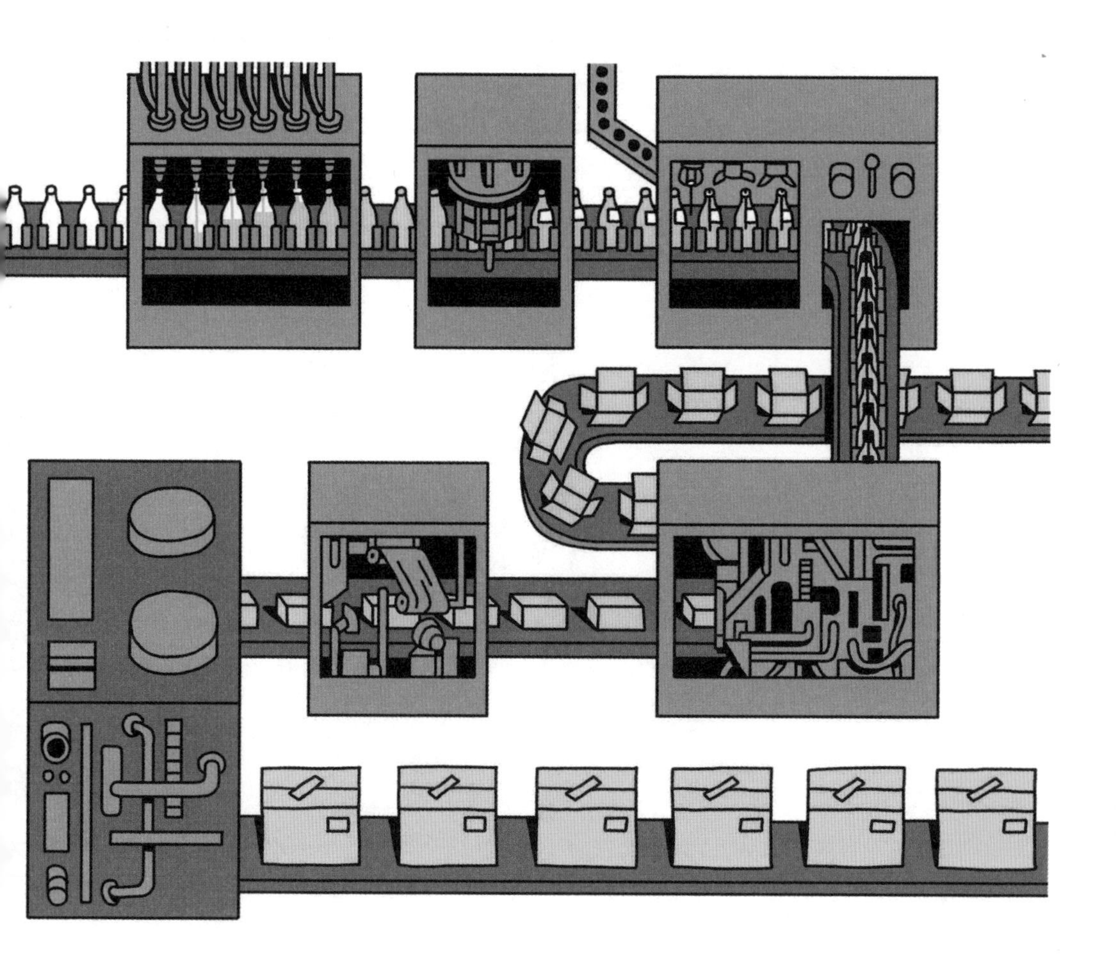

多数瓶子不需要特殊的人工介入，通常只需完成如下步骤：

❶ 空瓶子依次进入灌装机器装满香水。灌装机器与装有香水的大缸相连。

❷ 通常瓶子的前后都会贴上标签。

❸ 扣压机将压泵密封。

❹ 装盖机将瓶盖装在瓶子上。

❺ 原本摊平的外盒与盒内的固定内衬，会被折出形状。瓶子被平放，滑入盒子里，然后盒子封口。

❻ 封装机为盒子蒙上塑封。

❼ 装箱机和封箱机将包装好的香水打包成箱，在送到商店前先运往各仓储中心。

在大型工厂里，疯狂的生产节奏和机器全速作业发出的震耳欲聋的噪声让人头晕目眩，也让人不禁疑惑：每年离开工厂车间的数千万瓶香水将如何处理？这个行业如何才能把它们全部卖出去？然而，通过复杂多样的分销网络，这些香水最终还是会送到爱香人的手中。

解读包装盒上的信息

正面

❶
品牌

❷
香水名

❸
类型 / 浓度
（淡香精，香精浓度12% ~ 20%）

❹
使用方式（天然喷雾）

❺
毫升或液体盎司容量

❻

❼ 8 A01

❽

INGREDIENTS : ALCOHOL DENAT., PARFUM (FRAGRANCE), AQUA (WATER), ETHYLHEXYL METHOXYCINNAMATE, CITRONELLOL, LIMONENE, DAMASCONE, LINALOOL, ALPHA-ISOMETHYL IONONE, TOCOPHEROL, CITRAL, GERANIOL, METHYL EUGENOL, BHT, CI 19140 (YELLOW 5), CI 14700 (RED 4)

❾

❿

PARFUMS
INTERNATIONAL PRESTIGE
1, AVENUE DU LUXE
75008 PARIS

⓫

78 % VOL.

MADE IN
FRANCE

⓬

背面

❻

易燃：如遇明火可能燃烧。

❼

批次号：表明香水的制造日期（参见本书第 273 页）。

❽

按所占比例降序排列并遵循 INCI（国际化妆品成分命名法）的完整成分表。低于 1% 的成分无须列出。成分表中显示了酒精、香精、水以及任何比例超过 0.01% 的变应原物质。同样列出的还有某些紫外线吸收剂（甲氧基肉桂酸乙基己酯）、色素（CI 19140 [黄色 5 号], CI 14700 [红色 4 号]）以及抗氧化剂（生育酚和 BHT [2, 6- 二叔丁基对甲酚] 或其他）。

❾

条形码：用于产品自动识别。

❿

品牌或者拥有授权的集团地址。

⓫

酒精溶液中酒精的含量，允许的最高含量为 79%。70% 为最低含量，低于此含量，浓缩原液就无法溶解且香水产品会浑浊。

⓬

因为各国之间规定不同，很难解释“法国制造”（Made in France）的含义。就香水而言，在哪国以酒精稀释浓缩原液，该国就被认定为原产国。

从创作一款香水到大规模生产如何实现？我们会见了西班牙企业爱伯馨中国分公司的副总经理托尼·徐，讨论了香水的生产过程以及对香水行业极具吸引力的中国市场的特殊性。

中国的香水生产流程

托尼·徐，爱伯馨

你们在香水创作中扮演何种角色？在我们华南广州工厂，我们监管生产线。我和一组技术调香师一起工作，他们负责创作并且改造香水，使其符合中国市场需求。除了高级香水，我们的业务活动还涵盖功能调香（家庭护理、身体护理、个人护理、美容护理和空气净化等）和新技术开发。我们的专长在于提高每项产品的性能。

制作香水的过程中，你们在多大程度上参与其中？我们在所有层面、每个阶段都会参与其中。比如，我们会负责技术层面，如关注产品的质量还有其稳定性：气味、颜色、持久度以及其他关键因素。一旦成功完成了消费者测试，生产阶段也会依循同样流程，只不过规模更大。这是一个简单的过程，但鉴于要处理的产品数量众多，我们必须非常谨慎，不能污染原料。因此，我们有一套独立的管道系统用来称量绝大多数原料（其他原料会用一次性滴管手动称量）。可追溯性是生产过程中另外一个重要的问题。每种原料都有一个识别条码，该条码会在使用时进行扫描，避免数量或成分上的任何错误，如果出错，生产会自动停止。一旦称重完成，最终报告会详细记录每种原料的条码、生产日期和失效日期，这样出现问题时就能提供所有可用信息。

中国有什么特定的生产标准吗？我们是 IFRA 的成员，我们（在中国）遵循 IFRA 准则，与在其他国家无异。爱伯馨是一家欧洲公司，所以从原料采购到成品制作，我们所执行的质量控制标准与欧洲其他地方一致。我们的安全健康和环境部门也保障我们每个子公司的规章是统一的。中国有时在某些标准上更加严格，如产品密度，在这种情况下，我们遵从最高标准。

对爱伯馨来说，中国分公司的重要性何在，尤其是从战略角度而言？早在20 世纪 90 年代初我们就已进入中国市场，自 2002 年起，我们立足于广东省省会广州市。得益于近年来强劲的增长势头，中国成了一个极富吸引力的市场。我们目前的工厂有超过 100 名员工，拥有自动生产设备，是爱伯馨全球第二大工厂，和西班牙总部执行同样的标准。这样的选择让我们更具竞争力，因为我们的某些原料直接在本地工厂生产，从物流角度而言，更加高效，因此我们可以为客户提供尽可能优秀的服务。中国市场稳定，充满机遇，有着前途无量的未来——我们要确保自己是这样的未来中是不可或缺的一分子。

香精调配师的角色
贝尔纳·马奇尼，帕杨·贝特朗香精香料公司

过去的20多年间，我们见证了机器人被越来越多地运用到配方称量工作中。它们如何工作？机器人作业带来了何种优势？其局限何在？是否有一天，人工会完全被机器人所取代？或者说人类先天的智慧还会继续发挥关键性作用吗？位于格拉斯的帕杨·贝特朗香精香料公司[①]的首席调香师和香精制造工厂负责人——贝尔纳·马奇尼（Bernard Maccini）将为我们作答。

机器人自动化如何改变了香精调配师的角色？ 20世纪90年代末，我们的工作发生了转变，从非常耗费体力的劳动（需要搬运重物，集中精力进行搅拌，不断移动），变为更多的技术援助，而且越来越严谨。机器人自动化让调配师的工作不再那么辛苦，出错的压力变小了，职责的性质也有所变化。机器人很智能，如果有什么不对的地方，机器人就会停下来，把有问题的容器放在一边，机器人会不眠不休地继续它们的工作进程，哪怕是周末。香精调配师的工作正在转向专门维护机器，监督原料的供应以及保障称量工作正确进行。

使用的机器人有哪些不同类型？ 目前我们主要使用两类机器人协同工作。最早进入市场的机器人可以一个接一个地称量原料，而2010年代初推出的最新型号机器人则是一次测量所有原料的体积。在帕杨·贝特朗，我们一开始有一台机器人，可以称量600种原料的重量，范围从0.2克到800克。后来，我们又增设了第二台机器人，它采用体积测量系统，配备的一系列注射管均根据每种原材料密度进行调校，可同时大剂量称取不同的原料，这是其优势所在。新一代的机器减少了称量配方所需的总体时间，提高了我们的生产效率：现在只需

① 帕杨·贝特朗香精香料公司（Payan Bertrand）：于1854年创建于法国格拉斯的香精香料公司。

10分钟左右就可以完成称量，相比之下，第一代机器人需要将近1小时，纯人工操作则需2小时。

未来某一天，机器人有没有可能完全取代人的工作？人工智能可能开启了许多可能性之门，但香水成分的制作始终需要人的介入。目前来看，在称量配方时，机器人和人工的平均工作量占比是80%和20%。使用量极少的成分，如吡嗪类或含硫材料，都是由人来添加的。更昂贵的天然材料也是这样，如玫瑰精华和茉莉净油。像是树脂这样黏稠的物质，如果它们在与机器人连接的管道系统中停留时间过长，会有被破坏的风险，所以也需要由人来添加。而且香精调配师的工作需要专业技能。混合原料的顺序错误，或者错误地加热某些敏感的原料，都会引发化学变化，导致一批产品的香味、色度或分析检测不合格。制作特定的配方，要根据操作者的经验选择任用与否。考虑到某些浓缩物10公斤可能要花费5000美元，将它们交付给一个至少有5年专业经验的熟手香精调配师，才是谨慎的做法。要提升自己的专业知识，调配师需要和更资深的同事交流：一名曾经是香精调配师的主管会督导整个团队，虽然他不会亲自称量。在创作香水的过程中，调配师的角色尤为重要，过去很多调香师都是先从调配师做起的。为了向客户提供的配方质量上乘，这种精湛技艺与现代制造技术的结合是至关重要的。

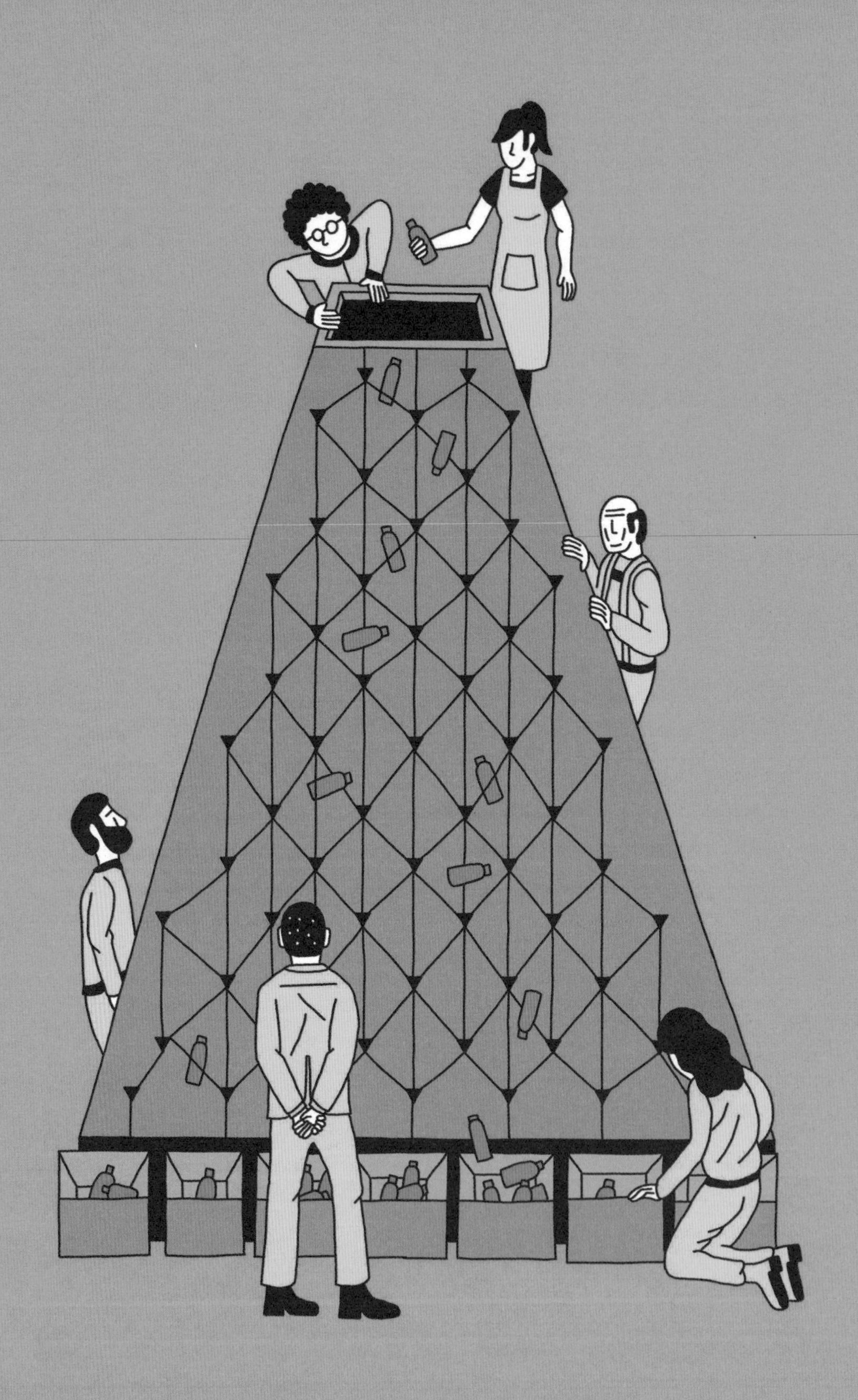

第7章

DISTRIBUTION

香水的分销

本章作者：奥雷莉·德马东
朱丽叶·法利于

生产出来后，一瓶香水的旅程中最大的挑战才开始：分销。

是在店内还是线上售卖？是直接销售，还是通过分销商网络销售？在香水概念设计流程的早期阶段，甚至在配方完成前，就必须探讨分销。必须就分销网络、国家，或者至少是进行销售的市场区域做出相关决定。分销策略反映了品牌的世界观、物力和志向。过去的 20 年中，人们倾向于区分主流香水和小众香水。但是，这两个细分市场的界限已经模糊，甚至彼此的分销渠道如今已有所重叠。2018 年，全球香水市场价值 42 亿美元。到 2025 年，这一数字很可能会上升至 53 亿美元。这种高度有利的前景正在鼓励新玩家的出现，这也使得品牌和分销商之间的竞争关系更突出。在消费者越来越多地转向网购的时候，分销之战正进入一个新时代。

市场的差异

小型香水品牌很难在一个国家达成足够的销售额。它们通常需要采取国际性的销售战略来确保盈利。因各个地区的消费者偏好、法规、条例以及分销和物流渠道都有所不同，所以这一任务变得更加复杂。香水业将世界划分为六大区域：欧洲五国、东欧和俄罗斯、亚洲（主要是中国）、中东，以及拉丁美洲（尤其是巴西）。

香水市场划分

含沙龙和主流香水，2018 年

（单位：百万美元；来源：欧睿国际①）

国家	销售额
加拿大	707
俄罗斯	914
中国	984
意大利	1137
西班牙	1149
沙特阿拉伯	1499
德国	1791
法国	2240
英国	2252
美国	7345

欧洲五区

法国、德国、意大利、西班牙和比荷卢（比利时、荷兰和卢森堡）组成了欧洲集群，虽然每个国家和地区各有特色，但通常把它们框在一起。

① 欧睿国际（Euromonitor）：是一家全球领先的战略市场信息提供商，提供的数据和分析辐射全球且覆盖上万种产品 / 服务品类。

在这个由历史悠久的品牌组成的成熟市场上，一半的销售额来自专业的零售连锁店（丝芙兰、道格拉斯［Douglas］和玛莉娜［Marionnaud］[①]），另一半则来自百货商场以及占比较小的沙龙香水店。法国作为香水的发源地，无论是产量还是影响力，都是欧洲香水市场的中心。在德国，道格拉斯销售大众市场品牌，而意大利则是沙龙香水的天堂，有300多个独立销售点。在这个市场的外缘，英国的销售格局由当地连锁零售店和一些著名百货商场（哈维·尼克斯百货［Harvey Nichols］、哈洛德百货［Harrods］、赛尔福里奇百货［Selfridges］和利伯提百货［Liberty］）主导。

俄罗斯与东欧

随着苏联的解体，俄罗斯市场从国家掌控分销变为基于西方模式、成体系的网络销售。L'Etoile（明星）、Rive Gauche（左岸）和 Île de Beauté（美丽岛，LVMH集团是其大股东），这三家主要的零售连锁店占据着主导地位。这些商店出售的香水囊括了主流香水以及精选的沙龙香水，后一类拥有浓郁的香调和装饰得十分华美的香水瓶，专为俄罗斯式的品位量身打造。诸如TSUM和GUM这样的高级百货商场，也是分销网络的一部分。在非首都地区，一系列零散的地区性连锁店出售大众市场品牌产品。大众市场品牌产品主要是本国制造的，在家乐福、欧尚以及俄罗斯超市巨头Magnit进行销售。乌克兰、白俄罗斯等东欧国家以及毗邻国家（格鲁吉亚和哈萨克斯坦）的分销网络，通常也是由俄罗斯运营的。

亚洲和中国

中国是东南亚市场的领头羊。虽然要建成有序的分销网络还有很长的路要走，但在中国分销网络的数量正在迅速攀升。丝芙兰在中国已经

① 丝芙兰、道格拉斯、玛莉娜：丝芙兰和玛莉娜为法国的香水美妆和护肤连锁巨头，道格拉斯为德国香水美妆和护肤连锁巨头，它们在其他国家和地区也拥有精品店及在线购物网店。

有近 300 家门店。拥有玛莉娜、ICI Paris XL 和香水店（The Perfume Shop）的屈臣氏集团，在全国各地都有门店。欧睿国际预估，随着如阿里巴巴、天猫和淘宝这样的网络平台促进消费者的消费习惯，中国将在 20 年内成为全球第一大香水市场。中国的千禧一代人口数为 5 亿，是美国的 5 倍，这一代人的购买力正在上升。但这个全新的黄金国度也有其自身限制：被仿冒的风险，注册品牌商标的复杂性，翻译成中文，包括动物测试在内的产品审批等，都是令小型商家望而却步的壁垒。

中东地区

该地区包括海湾阿拉伯国家合作委员会国家、波斯湾六个君主国——沙特阿拉伯、阿曼、科威特、巴林、阿拉伯联合酋长国和卡塔尔，以及埃及、叙利亚、黎巴嫩、约旦，以及摩洛哥这样的北非国家。阿拉伯联合酋长国的迪拜是重要的商贸中心，中东国际美容美发世界展览会在此举办，这是该地区最大的贸易展览会。在一年中一半时间天气酷热的中东国家，香水的主要销售地是既有商店也提供休闲活动的购物中心。主流品牌自然在当地连锁店（面孔［Faces］和活力四射［VaVaVoom］）以及丝芙兰有售，沙龙香水则在布鲁明戴尔百货（Bloomingdale's）、哈维·尼克斯百货（Harvey Nichols）和特里亚诺百货（Tryano）这些百货商场有售。身体喷雾这一典型的当地产品类别，在大众市场香水中占了很大的份额。浓郁的香味、以沉香为基础的香调和芳香油受到青睐，当地品牌（阿拉伯乌木［Arabian Oud］、瑞士阿拉伯［Swiss Arabian］、阿基乌尔香水［Ajmal Perfumes］和拉莎斯［Rasasi］）则满足了这种偏好，这些品牌是主要的商户，他们销售自己的产品。此外，还有露天市场和平行市场[①]，这些市场的交易量难以量化，但却非常可观，这也是许多企业集团在中东经营的原因。

---

① 平行市场（parallel market）：联系上下文，此处应指代平行进口市场，即贸易商从海外市场购买在海外获得品牌授权销售的商品，并引入本国市场进行销售，而在本国，被授权销售该产品的经销商或品牌通常已经存在。

美国

美国市场以东西海岸为中心，少数大城市（迈阿密、芝加哥和达拉斯）也是关键，但该市场需要大量投资，特别是在物流、数字化和销售网点的运营成本方面。美国香水市场传统上分为三个细分市场：奢华香水由顶级百货商场波道夫·古德曼百货（Bergdorf Goodman）、尼曼百货（Neiman Marcus）、诺德斯特龙百货（Nordstrom）、塞克斯百货（Saks）和布鲁明戴尔百货（Bloomingdale's），以及幸运之香（Luckyscent）和阿德斯香水（Aedes Perfumery）等独立商店推动；高级香水，在梅西百货（Macy's）等便利的百货商场以及诸如丝芙兰、犹他美妆（Ulta Beauty）等专营连锁店销售；大众市场香水，在塔吉特、沃尔玛和捷西佩尼（JCPenney）等超市及某些药店（CVS、沃尔格林［Walgreens］和来德爱［Rite Aid］）销售。美国市场对网上销售的接受度也很高，消费者会从实体店铺的网店或纯线上销售的店铺购买香水。

巴西

这个国土面积相当于一个大洲的国家，是仅次于美国的世界第二大香水市场，所有香水类别都是。护理香水和止汗香体产品等香味产品极大地受到巴西人的欢迎，他们并不热衷于主流领域的奢侈品、国际品牌，因为这些产品太昂贵且被征收高额关税。在巴西，每 10 款香水中就有 9 款是本国品牌生产的，比如自然（Natura）和波提卡瑞（O Boticário）这两个最大的品牌。分销的结构不是很完善，主要依靠品牌销售代表直接上门。名牌香水在丝芙兰和美妆盒子（Beauty Box，波提卡瑞新的零售连锁店）以及 C&A、Renner、Riachuelo 和 Marisa 等百货商场销售。特许经营店（桃花心木［Mahogany］、谁说我必须这样做？［Quem Disse，Berenice?］和气味水［Água de Cheiro］）销售各种低成本的本国品牌。目前尚在起步阶段的 Neeche 是另一种类型的商店，为高端客户提供高级私属香水品牌。巴西的网购相对少见，占比约 2%。

分销的不同类型

长期以来，历史悠久的主要品牌主导着香水市场，以零售连锁的形式组成分销商网络。然而，随着其他香水品牌的出现，独立商店激增，全新的分销渠道涌现，彻底改变了市场以及市场的划分方式。

销售网络

主流香水销售网络

在法国，主流香水的分销体系被称为“选择性分销”，发明这个术语是为了与超市运营的大众市场香水分销体系相对，这种典型法国的两分法如今已经失去意义，在法国之外也从未实行过。“选择性分销”对应的是大型的香水连锁店。凭借着大中型的非首都城市的销售点，这种方式为品牌带来的好处是覆盖全国。一旦某个品牌上架，相应地，就有标准化的培训、特别活动、销售终端促销等跟进。这一切都与主流香水品牌保障自身尊崇地位的需求相匹配。主流香水曾经依赖于独立香水店销售网络，这些独立香水店都是精挑细选过的，看中的是他们的服务水平和奢侈品销售能力。20世纪80年代，独立香水店销售网络聚合成连锁店，

各国的香水销售门店数量

（香水店、百货商场及药店，来源：NPD[①]）

6200 美国

4100 英国

2800 意大利

2300 加拿大

2300 德国

2160 法国

2100 西班牙

---

① NPD：美国市场调研机构，是最先使用消费者样本在众多行业推出销售追踪研究的公司之一。

得益于集中采购，拥有更大的议价权。随之而来的是这种销售网络的进一步密集。也是这个时期，丝芙兰向世界展示了其革命性的理念：自助式的香水门店，顾客拎着购物篮穿行在货架间，更容易与奢侈品亲密接触。像是丝芙兰、玛莉娜、道格拉斯、诺丝贝（Nocibé）以及美丽成功（Beauty Success）这样的欧洲连锁后来形成多店模式，极大地提升了品牌的曝光度和销量。同样地，这也意味着广告支出的增加。目前大多数广告支出都集中于这个细分市场，这个市场是时尚、珠宝和皮具类顶级品牌的大本营，不论是独立品牌，还是 LVMH、开云、

贸易展会

大量的贸易展会助力了沙龙香水市场的繁荣，这些展会包括在佛罗伦萨举办的皮蒂香水展（Pitti Fragranze），在米兰举办的香精香料展览会（Escence），在杜塞尔多夫举办的国际香水艺术展（Global Art of Perfumery）。

欧莱雅、科蒂和雅诗兰黛等企业集团旗下的品牌。在一段时期的聚合之后，这些连锁店随即将目光转向了国际，并着手应对征服新市场的挑战，像丝芙兰如今在30个国家拥有3000家销售门店。

沙龙香水

当所谓的主流香水的分销模式开始朝着自助分销转变时，香水经历了某种身份危机：它是否仍是一种奢侈品？针对这一问题，另一种香水浮出水面，瞄准了少数和不那么在意双向认同的香水爱好者。尽管这种香水一开始的销量非常有限，但却为香水世界带来了创意的新风。这个小众细分市场如今意指另类的、由著名设计师设计的、稀有的、昂贵的香水，以及由独立香水店、高端百货商场柜台以及概念店构成的分销渠道。专业人士的建议是关键，消费者也能因此慢慢品闻此类香水。

从1970年到2000年，诸如阿蒂仙之香、安霓可·古特尔、塞吉·芦丹氏和蒂普提克这样的新品牌在法国涌现，这些香水品牌通过自有门店传递出强烈个性和品牌世界观。真挚、艺术化又鹤立鸡群，这些新来者搅动了市场，让巨头集团坐立不安，促使其研究这种新的模式并为己所用。这种发展的结果，是顶级品牌效仿沙龙准则推出私属系列：独特的瓶身，没有营销概念或者品牌代言人，传递出关注原料品质的讯息。对坐拥自有分销网络的时尚、珠宝和皮具品牌而言，这简直是福音。第二次变化发生在21世纪第二个十年，随之而来的是企业集团收购如欧珑、香水实验室、凯利安以及馥马尔等冉冉上升的小品牌。被大企业收编的沙龙香水获得了新的分销渠道：免税店和百货商场，有了更多可以利用的资源，但它们也逐渐失去了沙龙地位。虽然法国拥有大量的私属品牌，但多品牌销售网点不过40多家。然而意大利则是沙龙香水的天堂，约有130家独立香水店定位于这一细分市场，如果将经营香水的概念店和服装店囊括在内，则有近300家销售网点。在美国的阿德斯香水、幸运之香、塞克斯百货、波道夫·古德曼百货、诺德斯特龙百货和布鲁明戴尔百货等独立商店和奢侈品商场的柜台上，都能找到当地所谓的独立品牌。该细分市场通常奉行极简主义且受美国人喜好干净、清新气息的影响，欣然接纳了纯净美容[①]运动。现在众多的手工匠造品牌都以天然为诉求，体现为一种较少受到 IFRA 约束的慢香。总部位于洛杉矶的艺术与香味学院（Institute of Art and Olfaction）和倡导 100% 天然香水的天然调香师协会（Natural Perfumers Guild）为独立调香师提供了活动中心。

沙龙细分市场在东欧有着完全不同的地位，在那里沙龙香水呈现出奢华、迷人之感，以及巴洛克式的情调，这些香水有当地品牌，也有专门为该市场设计的品牌，如亚历山大 .J（Alexandre.J）、爱慕（Amouage）和希爵夫（Xerjoff）。在中东地区，区域性品牌通常都有自己的门店。中国仍然是一个非常看重品牌的市场，即使隐性成本难以估量，细分市场面临险阻，但也逐步向沙龙香水敞开怀抱。

① 纯净美容（clean beauty）：该术语至今依旧缺乏明确定义，其概念模糊而主观。可以指代不含对羟基苯甲酸酯、硫酸盐和硅酮等物质的产品，也可以指代零动物伤害产品、有机产品，甚至在某些语境中，可与抛弃化妆品而选择护肤品的趋势相关。

销售网点

百货商场

百货公司提供的商品既包括主流市场的顶级品牌，也包括越来越多的沙龙品牌，百货公司面向的是要求更高、更富有的客户。如今比以往任何时候都更需要采取必要措施，逃离一些标杆性商场的动荡。在美国，随着梅西百货和巴尼斯百货的关停，这一篇章即将结束。尽管存在这些问题，选择独家进驻美国的高级百货商场仍为回报丰厚的策略。这种负面趋势似乎并未影响到法国，事实上，恰好相反，老佛爷百货①在香榭丽舍大街开业，莎玛丽丹百货②也重新开业。

旅行零售店和免税店

免税商品中，美容产品是销量最佳的类别，占到了销售额的三分之一，排在红酒和烈酒之前。因此，欧莱雅将这种形式的零售描述为“第六块

---

① 老佛爷百货（Galeries Lafayette）：总部位于法国巴黎的著名百货公司，创建于 19 世纪末，如今在全球主要城市拥有 66 家门店，包括北京及上海。

② 莎玛丽丹百货（Samaritaine）：1870 年于法国巴黎开业的百货公司，2005 年暂时停业，2021 年重新开业。

大陆”。机场、免税店和航班上的销售点构成了这个市场，环球免税店（DFS，为 LVMH 所有）、杜福睿（Dufry）、海内曼（Heinemann）、乐天及其他免税店占据着主导地位。2018 年，香水和美容产品的销售额上升至 23.5%，据专业机构际代研究（Generation Research）估计，价值达 315 亿美元。如不受病毒、政治紧张局势或者通货膨胀等危机的影响，航空运输量每年会增长 6% 至 7%，这种繁荣让品牌间的曝光度竞争更加激烈。被企业集团收购的沙龙品牌正在围堵主流香水。据估计，在机场浏览美容类产品的旅客占比为 50%。主流品牌意识到这一巨大潜力，有时会将旅游零售店作为实验场所，在产品投放市场前在此进行测试。

其他分销网络

尽管大部分销售额集中在传统分销网络上，然而其他渠道也提供了

展览
TFWA（世界免税协会）展览每年吸引超过 3000 个品牌和 2000 名免税买手云集法国戛纳。

不同的香水产品，它们有时更平价或更加天然。

平价自有品牌连锁

像是伊夫黎雪、欧舒丹、美体小铺、仪式（Rituals）和美体沐浴工厂（Bath & Body Works）这样的香水和化妆品品牌，仅在自有门店或网站销售自己的产品。它们的香水属于中端产品，定价在20美元到90美元之间。还有新一代的DIY品牌，例如芳香地带（Aroma-Zone），邀请顾客创作自己的天然香味配方。

自有品牌时尚连锁

强大的国际化分销网络令一些时尚品牌获益，例如Zara（飒拉）、H&M（海恩斯和莫里斯）、Abercrombie & Fitch（阿贝克隆比和费奇）和维多利亚的秘密，都纷纷推出了平价的香水系列，价格在6美元到30美元之间，由于店铺数量众多，香水的销量很大。

大中型超市

有时候，价格在6美元到20美元之间的香水，其背后的调香师与创作高级香水的是同一人，只是这种面向大众市场的香水其配方成本较低。在某些国家，例如美国和俄罗斯，一些超市也销售高级香水。比如说，你可能在超市发现心仪的卡尔文·克莱因或范思哲香水有折扣价。

药店

药店网络也在趋向整合，形成大型连锁店。药店销售的产品越来越高档，类似保健品和美容品商店，所售卖的是注重天然、健康的品牌产品和古龙水。在美国，CVS、沃尔格林这样实力雄厚的连锁店构成了销售网，而法国则有Pharmabest、Pharmacie Lafayette、Aprium Pharmacie等，尽管法国的法律不允许药店连锁经营。

互联网与数字革命

各国在线销售百分比与高级香水市场规模

（单位为百万美元，来源：NPD）

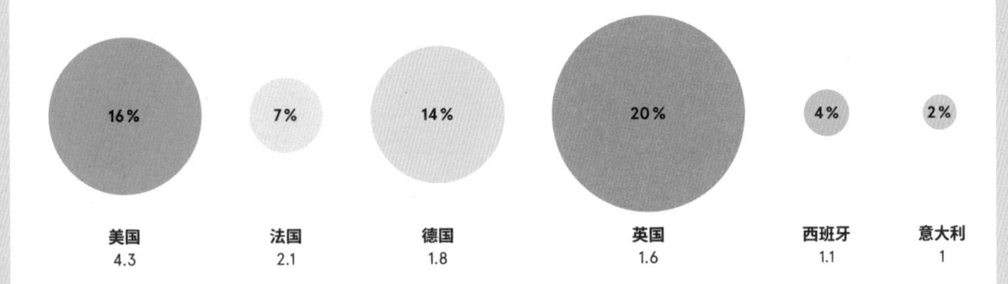

网络世界对香水而言是个巨大挑战，因为香水不像美妆那么“适合”在 Instagram[①]上展示。线上香水面临一个明显的劣势：如何呈现无形的香味，并且在没有任何产品体验的前提下俘获人心？在线销售反映出的一个困境是后续购买比首次购买更难。在法国，电商销售占香水销售的 6% 至 7%，远远落后于美国的 16%。某些重要的美国香水网店在决定上架某个独立香水品牌之前，会考察某个品牌在 Instagram 上的关注人数。在美国，以雅芳为代表，邮购和上门推销文化深入人心，在线商业继承了这种文化。许多美国品牌将自己定位为纯粹直销（如菲尔和玫瑰拼图[②]），另外一些则选择了亚马逊、颇特（Net-a-Porter）或者幸运之香作为分销渠道。中国对于在线销售的接受度也很高。中国是全世界网络最通达的国家，有 10 亿人使用微信这一本土社交媒体平台。

消费者如今可以上网购买产品，同样能在购买之前就查询到产品信息，或者采用“先点鼠标后提货”这一全新选项：在线支付订单，随后订单包邮送至门店。面临的挑战是弄清消费者闻到香水的时刻：是网购前先在实体店内闻到，还是在家收到样品后闻到，抑或是在不喜欢某产品香型将其退回之前在家闻到。因此，数字化的香水品牌在重新思考消费者的购香之旅，并且测试不同可能。到访传统实体门店的人群中有 55% 的人会购物，就电商而言，这一比例还很低，平均只有 2%，美妆和医药保健行业则是 5%，但是正在急速攀升。相关领域的竞争者正在入场并打破规则，例如 2020 年在法国出现的 Zalando 美妆平台。品牌可以将网络销售当作杠杆提高利润率，并且省去中间商。分销成本由此可以趋同于物流成本，虽然依旧占大头但有所降低。直接向顾客销售的第二个优势是，品牌可与客户建立起更紧密的联系。品牌以及创香人员可以利用来自社交媒体的数据，更好地了解消费者的品位，为其量身定制。品牌会解读香水发布会上的评论中包含的话题标签，与测试结果进行对比，并将结果融入即将发布的下一款衍生版（参见本书第 195 页）中，以调整今后香水的概念。

---

① Instagram：以共享照片为特征的社交网站。

② 菲尔和玫瑰拼图是两个采用在线直邮形式的美国新兴香水品牌。

分销香水的渠道与方式

自营店

一个品牌想要展示自身，如果它有资源的话，可通过自营店来分销产品。相当多的沙龙品牌已经成功地运用这种策略，摆脱了多品牌集合店货架上的竞争对手，从而脱颖而出。这种策略要求品牌有相当广泛的产品种类、资深的门店经验，以及必要的商铺租赁预算，最后一项是主要成本。这是一场需要巨大投资的豪赌，但它保证了品牌历程中最微妙的阶段——走向市场。拥有自营店网络是被企业集团收购的基础。

经销商

当品牌没有自己的网络或想触及更广泛的受众时，可由经销商代劳。品牌想要介入销售网点可有若干种选项。

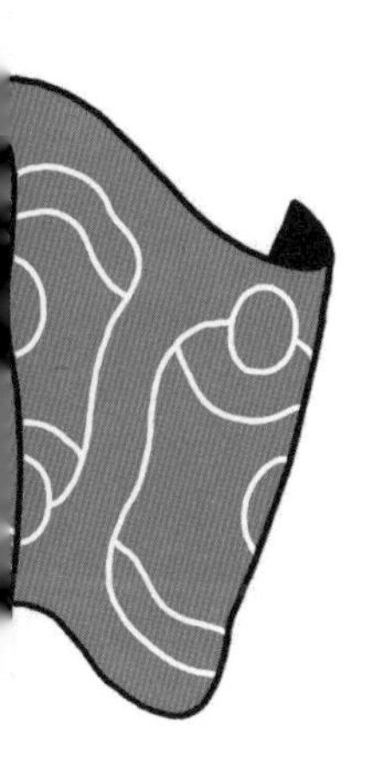

直接销售

这是最常见的经营模式，值得推荐，能最大限度地保障品牌利润率。品牌会根据多个标准（例如门店位置和售卖的选品）筛选希望进驻的香水店并与感兴趣的零售商建立业务联系。这种筛选让品牌对所选的销售网点和品牌形象有最大的控制权。这也是一种节约成本的解决方案，因为品牌和客户间只有一个中间方，即经销商。当然，这通常需要花更多的时间来落实，因为必须联络每个零售商。在某些国家和地区，如中东和俄罗斯，是无法与某个商店建立直接关系的，因为必须由获准的公司进口产品；如中国和美国，漫长的产品审批流程也会让这种方式变得更繁复。品牌可以在特定国家建立分公司，更易于联络经销商，这在俄罗斯、美国和阿拉伯联合酋长国是常见的做法。也可选择跨境解决方案，也就是在未设立当地办事处的情况下，通过平台将产品销往他国。这常见于中国，产品通过位于中国香港的仓库出售。

品牌在销售网点出售时，经销商（无论是主流还是沙龙市场）会采用一个批发价和公开零售价间的系数，这个系数由品牌设定。各销

售网络其不同的因素都会影响该系数。

• 在主流香水市场，经验法则是：批发价是零售价的一半。但是为了吸引人流，香水店越来越多地鼓励促销、购物赠礼品（通常以礼盒形式）以及在门店部分区域进行临时展示（由做促销活动的品牌承担费用）。在这些促销活动外，如果达成销售目标，店铺会要求品牌给予不同的销售返点和年末折扣。这些都为经销商带来额外的收益，提升利润率。

• 仅销售私属品牌和沙龙品牌的多品牌集合店，对促销活动和折扣的要求不那么频繁，或者规模较小。现实的原因是，集合店的人流和销售量都无法和主流香水市场相提并论。它们采用的系数一般在 2 到 2.5 之间。

通过代理商销售

当品牌不具备充足的销售资源或者涉足不熟悉的市场时，可以选择代理商。代理商负责在一定区域内确定销售网点、处理和店铺的关系并且培训销售人员。销售代理商扮演的另一个角色是品牌顾问，他们为品牌商指出最合适的销售网点，提供适合不同国家的销售策略。作为回报，他们收取门店向品牌所下订单总金额中的 10% 到 20% 作为佣金。他们不购入或者囤积商品，只是单纯作为中间方，像外包销售人员一样。选择代理商有点像直接销售和通过分销商销售的折中。对品牌而言，这样做的优势是可以掌握香水的销售情况和在所选店铺的曝光度，因为一旦代理商完成工作，把货品送到销售网点就是品牌的事情了。

通过分销商销售

在香水业内，分销商专门从事品牌产品上市、存储并将其运输至销售网点的业务。因此分销商扮演了三重角色：市场营销和传递信息、销售以及物流。分销商在一定区域内经营业务，使品牌能够进入一个由具有可靠从业知识的合作经销商组成的既定销售网络。分销商组织培训香水店销售员工，并将最新的品牌信息提供给店铺。和代理商一样，分销商也是品牌的顾问。有时，分销商同样会付费雇用代理商。分销商采购品牌产品再售卖给零售商，根据销往国家的不同，采用的系数从 3 到 6 不等。对品牌而言，这种解决方案节约了大量时间。然而，委托并获得分销商的服务也需要拨出较多预算。另外，这种方式不一定能给所选货品或库存产品带来很多曝光度。

对一个香水品牌而言，分销通常是业务中支出占比最大的项目。凭借更集约化的经营和广泛得多的销售网络，细分市场中的巨头可以通过极高的销售量来收回固定成本，小规模竞争品牌的操作空间就比较小了。

依据分销模式拆分香水的价格

主流品牌

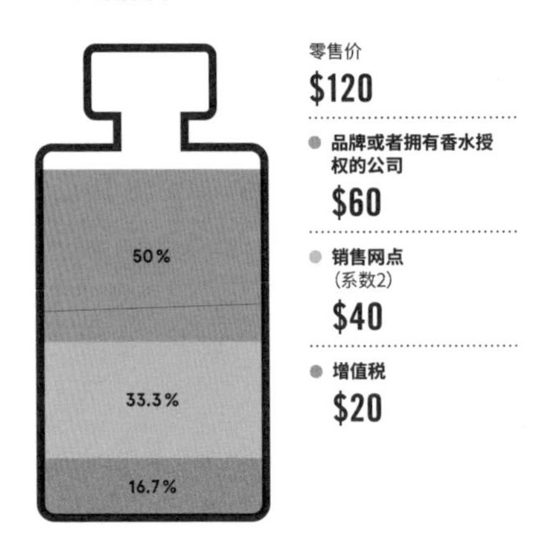

在网点直接销售的独立品牌

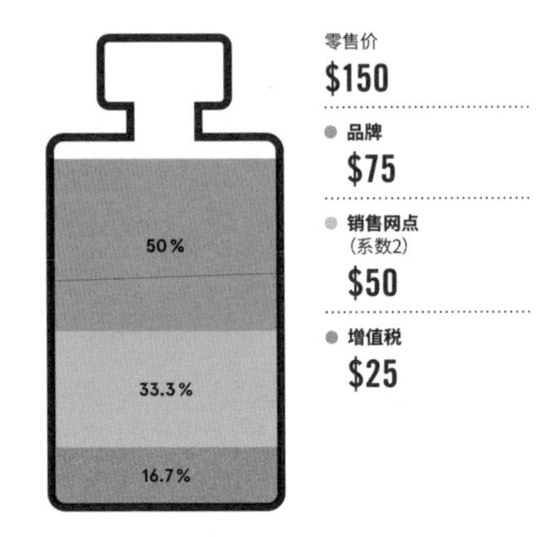

通过代理商销售的独立品牌

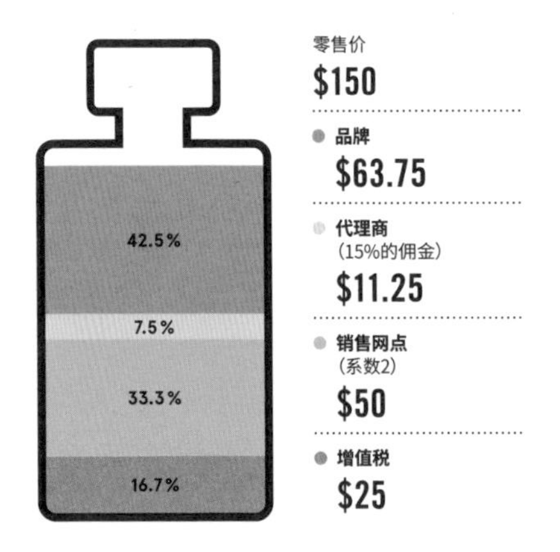

通过分销商销售的独立品牌

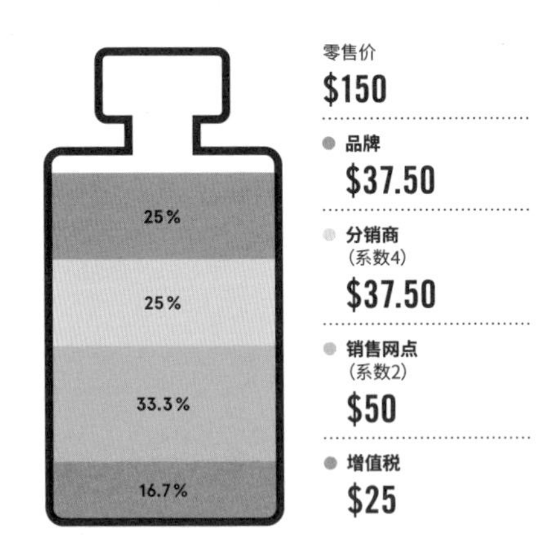

系数是包含增值税在内的零售价与批发价之间的比值。

例如：150 美元含增值税（零售价）÷ 2 = 75 美元不含增值税（品牌所得）

销售网点

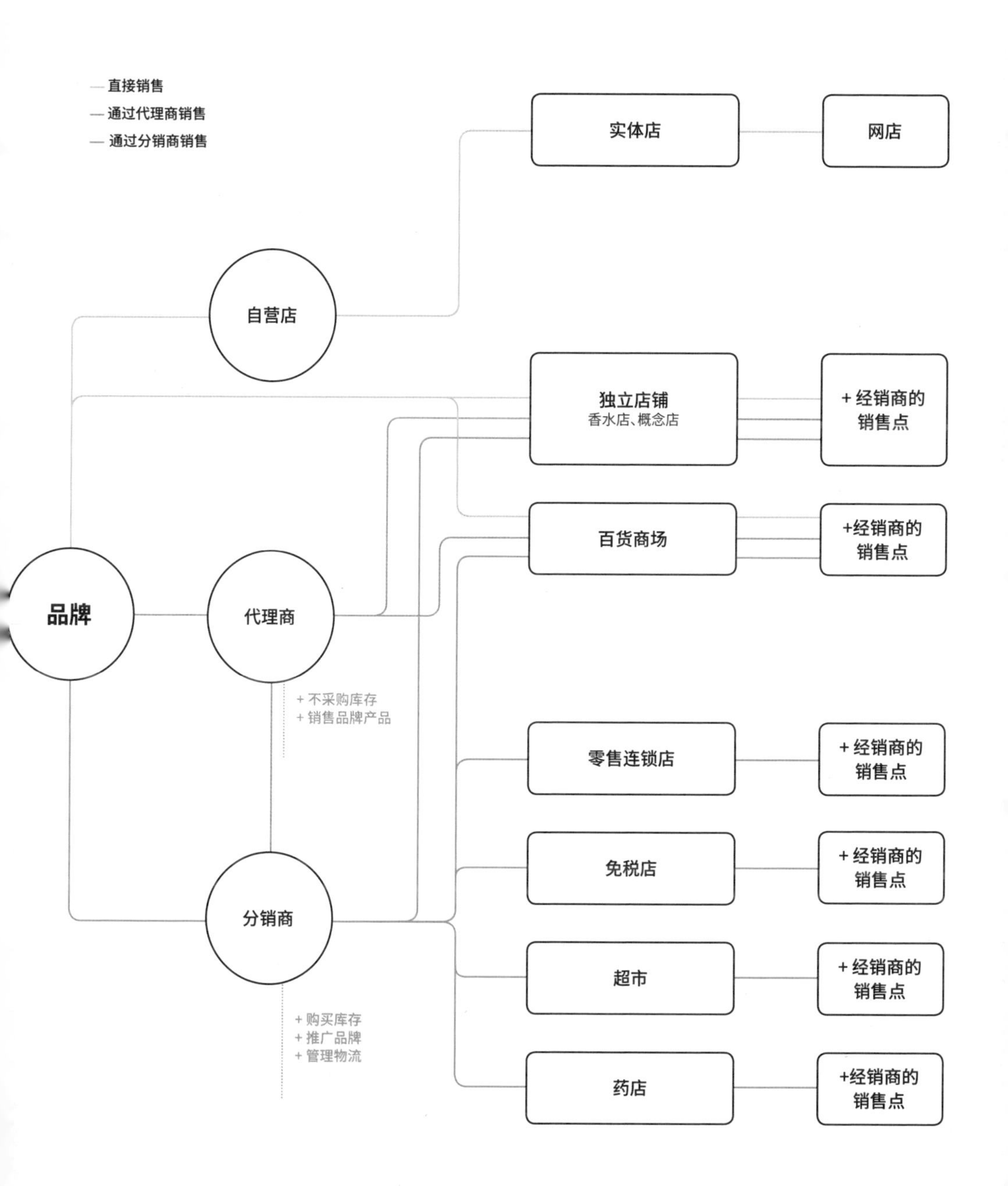

— 直接销售
— 通过代理商销售
— 通过分销商销售
实体店
网店
自营店
独立店铺
香水店、概念店
+ 经销商的销售点
百货商场
+经销商的销售点
品牌
代理商
+ 不采购库存
+ 销售品牌产品
零售连锁店
+ 经销商的销售点
免税店
+ 经销商的销售点
分销商
超市
+ 经销商的销售点
+ 购买库存
+ 推广品牌
+ 管理物流
药店
+经销商的销售点

小众品牌在中国的分销
格雷瓜尔·格朗尚，Next Beauty

我们见到了 Next Beauty 的创始人格雷瓜尔·格朗尚（Grégoire Grandchamp），该公司是中国唯一的中法合资新兴美妆品牌孵化公司。这个平台有一群专业人士，能帮助新兴品牌在中国市场发展业务。此次采访是探讨中国沙龙香水分销特点的理想契机。

Next Beauty 做些什么？ 我们充当进口商、分销商和投资人，帮助新兴品牌在中国市场发展业务。我们希望建立长期合作关系。这样的选择让我们更具竞争力：作为持股方，帮助品牌立足也符合我们的利益。在一个竞争激烈的市场上，这样的双重角色有利于加强合作。我们寻求与刚起步的美妆企业家建立有效而持久的伙伴关系，因为中国大众渴求真材实料和原创性，调香师奥雷利安·吉夏尔于 2020 年推出的品牌马蒂埃香水就是一个例证。

在中国，小众品牌的分销是否与其他市场有所不同？ 是的，因为香水在中国表现出吸引力是新近的事，且香水在美妆业所占的份额不足 3%。高档香水里有蒂普提克、欧珑、梅森·马吉拉和柏芮朵这些品牌，它们正经历异常强劲的增长：增幅超过 40%。中国的零售渠道也有所不同：只有少数百货商场有专属于沙龙香水的销售空间，这会鼓励品牌开设独立门店。而电商成为小众香水真正的跳板，尤其多亏入门套装，让人可以试用全线产品，这也成为品牌与消费者互动的最佳方式。

你们用什么“杠杆”来扩大品牌在中国的分销？ 对我们来说，首先，要专注于产品。产品系列中必须包括吸引中国消费者的香水，尽管本地市场也在不断发展，但人们往往被清新和淡雅的味道所吸引。通常会有一款明星产品让品牌能抓住新客户。其次，为新兴品牌定制营销战略并实施，这是很重要的。在提升品牌形象方面，KOL（关键意见领袖）发挥着重要作用。我们有很好的资源网络，囊括了中国的网红和明星。我们首先在消费者小组内测产品，然后向网红、媒体和一些潜在的重要客户介绍产品系列。然后，我们会在天猫开设网店，并且让品牌入驻一些已有的线下沙龙概念店。下一步则是开设品牌精品店，给消费者带来真实体验。例如，马蒂埃香水在 2022 年迈出了这一步。数字视觉产品（尤其是视频）的制作也很关键，因为在中国，人们习惯在智能手机上购物。因此，马蒂埃香水是一个前途无量的品牌，因为它提供了许多原料信息：玫瑰花田的种植、精油的生产等等。在热爱品牌叙事的中国消费者眼中，这些内容强化了真材实料的品牌形象。品牌由一位知名调香师创立，该调香师本身就是调香师之子，这完美地构建起一个有力的故事吸引中国市场的消费者。

总之，我得说，品牌想在中国市场有发展潜力，必须结合真材实料和产品品质，并且真正学习中国文化。

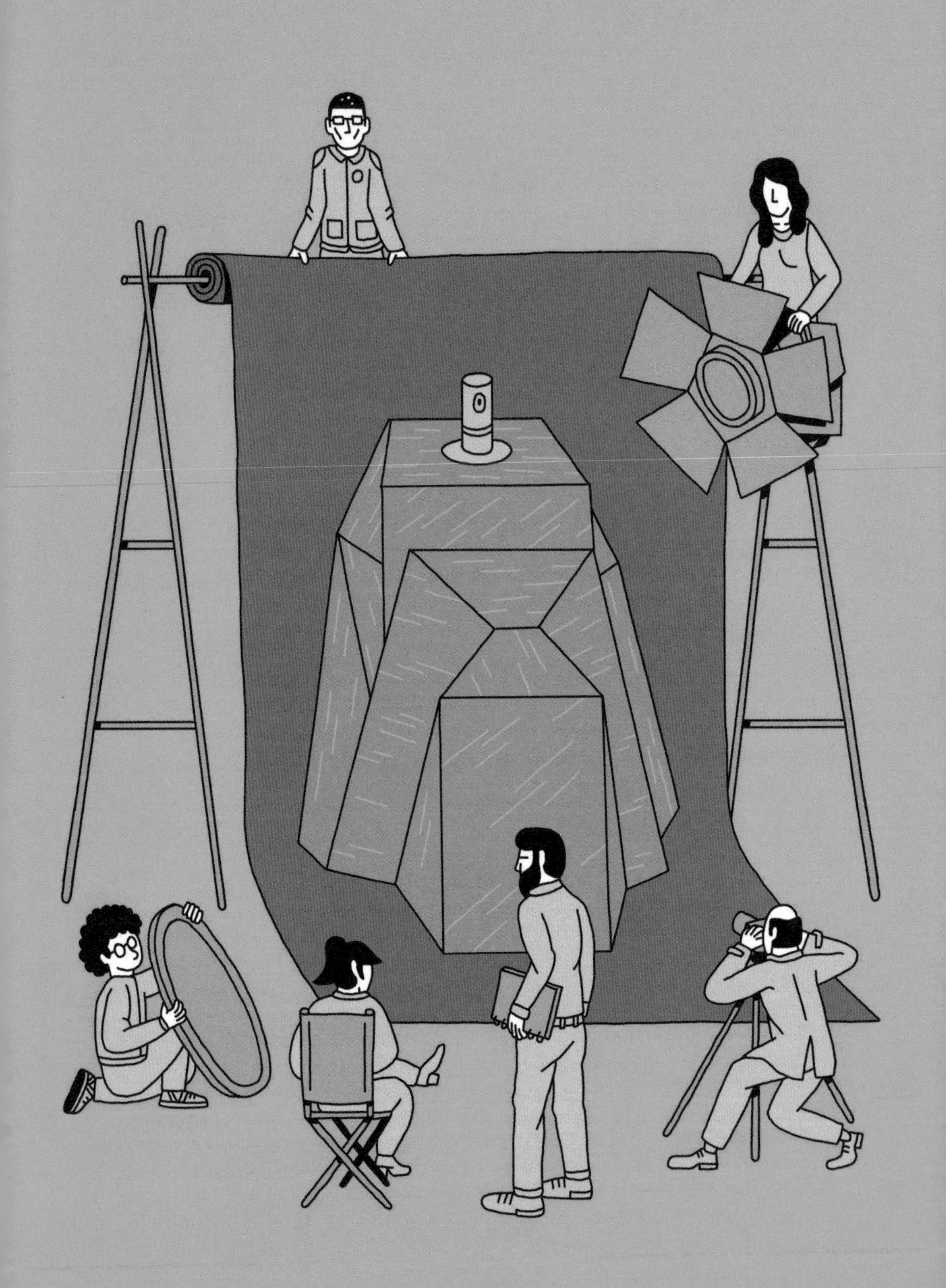

第8章

MAINSTREAM PERFUMERY

主流香水

本章作者：德尼斯·博利耶

香水培育着梦想和市场份额，赋予想象力以实际形态，虽是工业化生产的形态，却也是为了尽可能多地取悦于人。在创新的冲动和市场的需求之间不断转换，主流香水的营销本质上有些精神分裂。

20 世纪 70 年代末期，美国风格的创香方式开始出现在高级香水业界。随着市场全球化，美妆、药品和洗涤剂等领域的大集团获得高级时尚品牌香水的特许权，再加上全新成衣和珠宝品牌香水的涌现，让这种发展成为必然。在这种方式下，市场营销是王道，而自由创意愈发受限。

因此，时尚设计师和负责将他们的设想转译为香水配方的配方公司行列中，加入了第三方的参与者。像是欧莱雅、资生堂和科蒂这样的化妆品巨头，普伊格（Puig）和国际香水集团这些专业香水公司，以及宝洁和联合利华等大企业的香水部门都有营销团队，将品牌 DNA 转化为嗅觉、视觉（瓶子和广告）和叙事符码：我们讲述怎样的故事？我们使用哪些词语？在一款香水诞生的每一个阶段，从设计到上市，营销都存在，与品牌携手合作，确保产品始终如一。

创作者的参与，从香水和香水瓶到视觉效果等所有设计的审批流程，以及销售比例等细节，品牌和拥有香水特许权的公司间合同的谈判都是具体问题具体分析。拥有特许权的公司，其市场部也有着各不相同的组织架构。

香水装瓶的前前后后

让我们回头看看时尚品牌SWAG，它想要发布品牌首款香水。首先，要和威望国际香精公司（Prestige International Fragrances，简称PIF）协商特许协议。第一阶段：PIF市场团队确定SWAG的品牌内涵，这一品牌内涵有待被转化为嗅觉、视觉和叙事性的符码。SWAG的品牌DNA需要被注入香水瓶中。因此当务之急是创作出一段反映品牌概念的叙述，而且这个叙述要足够丰富，可以运用于未来几年中的若干香水创作上。借助文字与图像，与SWAG设计师和团队一起合作确定叙述，然后与调香师沟通，指导他们的创意流程。

持有香水特许的公司
市场部门组织架构

1
首席品牌官（CBO）
首席市场官（CMO）

集中管理所有香水品牌的首席品牌官或者首席市场官领导着市场部门。

2
市场营销总监
市场营销经理

市场营销总监或者副总监通常负责若干品牌，而市场营销经理往往只负责单个品牌。

3
组长

依照品牌规模，通常会有一个或多个组长负责如下产品系列：适用于男士或女士的新产品，主力产品（该品牌最畅销的香水）及其不同版本，经典产品，高级系列，等等。

4
产品主管

产品主管负责特定的产品线，有时候会负责多个特定项目，例如促销手段（产品礼盒、现场活动等）。

5
香味工作室

某些公司有一个香味工作室负责研发香水，工作室会不时地拟出一系列初步的香水提案，供市场部经理从中选出符合他们所管理的品牌的提案。

“珍稀动物”
——品牌专属调香师

像是娇兰和香奈儿这样历史悠久的品牌（分别是始于 1828 年和 1921 年）一直以来都有自己的专属调香师。更近一点，在 21 世纪头十年，一些大品牌也决定加以效仿。这些专属调香师直接与市场营销团队共事，通过新的创作构建品牌的香味身份。他们也成为品牌面对公众的代言人。他们在幕后采购原料，对历史悠久的产品系列进行品质管控并且保证这些产品符合当下的监管标准。专属调香师能在私属系列中自由发挥创意，也能为销量更大的产品出谋划策。

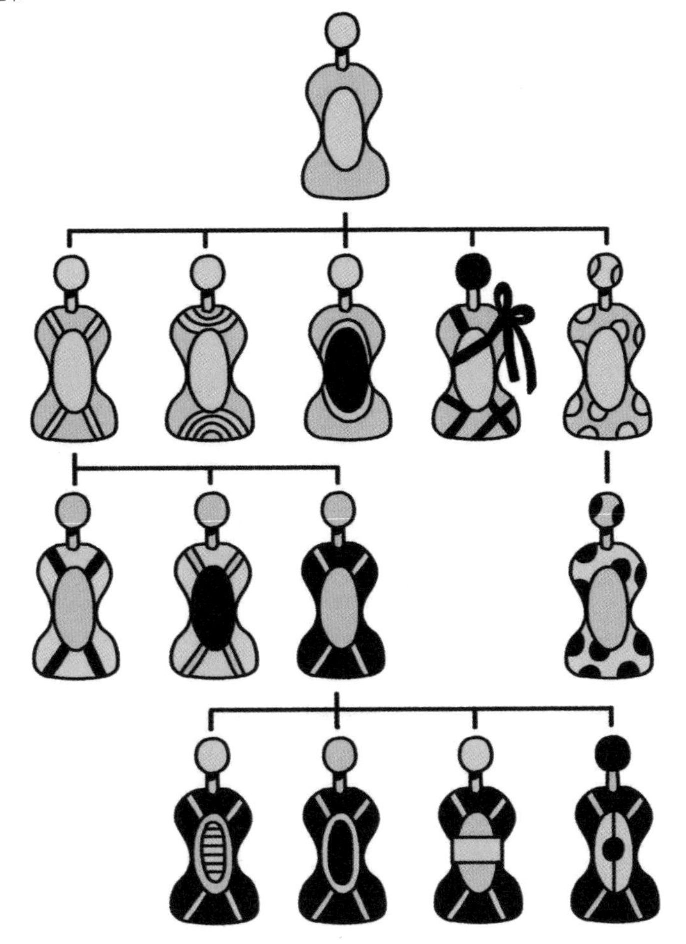

调和销售的需要与创作的需求

在品牌发布产品后，由 PIF 和 SWAG 市场营销团队组成的创意委员会会定期举行会议，通常每月或者每季度一次。设计师会被建议或要求去发掘不同的创意方向和路线。在此阶段，理念也许十分激进甚至是隐喻式的。这些想法为后续推出的概要打下基础。

但因为授权使用品牌名的香水的主要目标是为时尚品牌的创意流程提供资金，因此开发流程中贯穿了折中的选择以及对更符合时代精神的产品的探索。香水营销在艺术追求（由过去的神话作品所滋养）和商业需求之间左右为难。

通常的情况是，香水创作者会针对特定地区、人群或者香型进行设计，

主力产品和衍生版

在品牌内部，有专门的名字、瓶身、香味结构和视觉身份的香水被称为主力（pillar）香水。主力香水是关键性产品，通常好几年才会发布一款，这意味着会有大量的资金投入。在主力产品发布的间歇期，会创作这些主力香水的变体。香水业的行话把这些变体叫作某主力产品的“衍生版”。顾名思义，这些变体是主力产品的衍生品。衍生版产品也许是季节性的变体，也许只有外观有变化，又或者比如针对夏季，配方会更清新。每一款主力产品随着时间推移,会衍生出不同的香味变体，或是改变浓度（淡香水、淡香精和香精等），或是突出原版的某方面特征。衍生版一方面为品牌发声，另一方面也补贴花在主力产品上的投资。委婉地说，如果主力产品“找准消费受众”尚未成功，那么有着更能与消费者共情的香调的衍生版也许可以挽回局势。

以保持竞争力。以SWAG的香水为例，主要的产品会覆盖特定类型（花香、美食和清新等），有季节性或常规的版本。

概要：创香之始

香水、瓶子、宣传：这三个方面的创意构建都始于概要。PIF 撰写的概要反映出 SWAG 的目标，以文字和图像的方式叙述新的产品：例如对女士香水而言，问题在于 SWAG 女士是怎样的一款女士香水。与该品牌此前推出的女士香水相比，它具备何种特质？这份概要辅之以一个情绪板，这个情绪板上拼贴着各种用以唤醒感知（质地、色彩和香味等）的意象画，用于指导调香师和设计师。根据所营造出的世界、目标市场或者已有的香味，PIF 的市场团队可能已经向调香师建议了一些香调。充满竞争的周遭，也就是全新SWAG香水需要颠覆的其他香水，随之确定下来。概要还需要包含分配给每千克香精浓缩原液的预算，它的浓度，监管背景，以符合销售国家的规定。

概要的接收方

概要将会作为投标邀请，发送给配方公司，这些公司既生产香水原

料也生产食品调味剂。自 20 世纪 50 年代起，大部分香水都是由这些公司所雇用的调香师调制的，专属调香师当时还很稀缺。这些公司通过销售香水成分和浓缩原液盈利。但并不是所有公司都有资格收到概要，能收到概要的公司已经通过了预选。受邀投标的公司名单（称为核心名单）是由 PIF 采购部门提出的。只有像 BIG AROMA 这样的跨国企业及其直接竞争对手才有人力、原料和产业资源提供支撑，在国际范围内推出一款主力香水。随后核心名单上的公司会提出有利于 PIF 的商务条款。如果这款香水是衍生版，一般会选用创作主力香水的配方公司。有时，时尚设计师会点名指定调香师，这种情形下，会直接邀请调香师所在的公司。

一款香水，三家公司

SWAG
寻求创作一款香水的重要时尚品牌。

PIF
化妆品公司

香水特许协议

SWAG
从**PIF**订购香水。

PIF
市场营销团队
以叙述性、嗅觉和视觉的形式呈现**SWAG**品牌。

PIF和SWAG市场营销总监之间的会议定期举行，提出并批复目标香水的概要。

PIF
采购和市场营销部门预选配方公司（核心名单），发送概要。**BIG AROMA**入围名单。

↔

配方公司
核心名单上的各家公司都会给出多份提案，提案来自公司内部相互竞争的不同调香师。

最佳提案在PIF和配方公司之间来回多次进行修正。

PIF选定**BIG AROMA** 的香水。

BIG AROMA赢得合同，向**PIF**出售香水浓缩原液，用于制造**SWAG**最终的香水产品。

配方公司内部

一旦收到概要，竞争便开始了。核心名单上的每家公司内部，包括 BIG AROMA，销售人员和评香师会从调香师团队中挑选一位最具 SWAG 风格的调香师。对于大型项目，5 到 6 名调香师，甚至所有调香师都会参与内部竞争。大约有 15 份提案最终会提交给 PIF（这一数字会随核心名单上公司数量的增加而倍增）。

BIG AROMA 的市场营销部在整个流程中都会提供帮助。这个多功能的部门如同一家广告公司，在公司内部运作。部门的主要工作包括分析流行趋势和畅销产品，对新兴市场进行研究，产出照片和简短文字以突出公司的调香师或原料，创建气味培训工具，以及组织针对员工的创香研讨会。

BIG AROMA 交给 PIF 的香味提案也许会包含详细说明，旨在展示出公司调香师和原料的独特个性，讲述创作过程，并通过各种工具，包括装置、视频和虚拟 Instagram 账户展示他们对品牌和概要的理解。力求在调香师与 PIF 的首次会面中，彻底吸引客户。

如何选择香水名

一款香水的名字自然是源于最初的理念，但是命名并不完全依据此理念。一系列疑问尚待作答：是用法语命名还是用英语命名？在关键市场上是否能轻松理解该名称的含义？是否存在引发负面情绪的风险？最重要的，名称是否已经被注册？在国际知识产权数据库中对著作权进行初步的搜索后，法务部门会梳理 PIF 市场营销部所提交的香水名称的建议清单，这项工作有时还需借助外部专业机构完成，然后才会将该建议清单提交给 SWAG。不幸的是，全世界都能心领神会的、最传神、最精准、最有冲击力的名称都被注册了。一个品牌有时候甚至会小规模地推出一个非常低调的产品，只是为了确立使用该名称的优先权，这个名称将用在日后推出的更重要的产品上。但有时，在这种占座位的抢注游戏中，

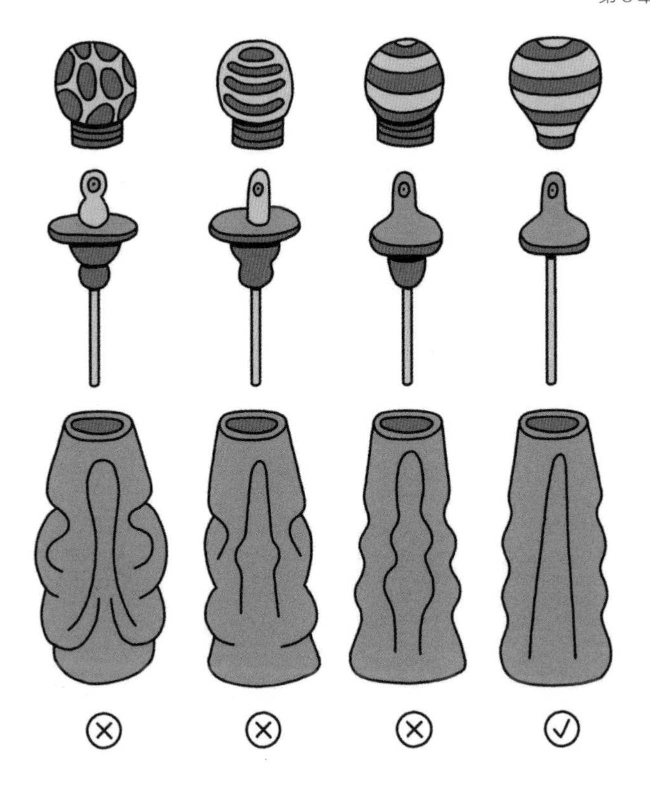

一家公司会向另一家公司出售或捐赠申请了专利的名称。投我以木桃……

设计香水瓶

对于大规模发行的香水，会邀请 2 到 3 家设计公司提交竞标方案。按规定，方案中要给出生产成本。其他某些情况是，邀请单个设计师提交创意方案，原因要么是设计师的艺术感受力符合品牌或香水创作方的期望，要么是设计师的声望水准可以提升产品作为奢侈品的认知度。

与 PIF 公司内部的技术团队进行探讨，是设计流程中的一部分。瓶子的形状、规格、盖子以及盒子都适配工厂的包装链，这十分重要。举例而言，形状过于不规整的瓶子可能会导致灌装问题。

瓶子的设计选好后，会向玻璃制造商发出新的招标书。合同交付后，就开始生产模具（参见本书第 156 页）。生产用于瓶盖的模具甚至比瓶身的更昂贵，这是一大笔开支。要摊销这笔大投资，衍生版香水会重复使用相同的模具，唯一变化的是装饰元素。

代言人，要还是不要?

谁来担纲 SWAG 的女性代言人？模特还是星途正旺的年轻电影演员？顶尖超模还是国际名流？有时候设计师会坚持使用自己的灵感缪斯。其他时候，则是预算问题。代言人的选择基于其外貌特征和公众口碑，应与产品形象相符。某些香水广告采取与美妆领先品牌相同的方式，即选用 2 到 3 个代言人，与不同市场尽可能广泛地产生共鸣。

销售现场

在宣传活动中，销售现场的体验环节发挥着非同小可的作用，比在网上轻易就能买到的产品本身更重要，尽管产品是市场营销的核心。消费者不辞辛劳造访商店，想要的是逃离日常现实。涉及香水时，这种说法尤为贴切，因为你只能亲自去体验。展台、装饰物和香水发布活动所需的样品、展柜、试用装台座、货架、过道端展示、定制的试香条或试香陶片，这些都是用于推销和陈列的物品，有时由专业公司设计。然而，PIF 市场营销部门要确保各个元素都和整体概念一致。即使是美容导购（也称美容顾问）的一言一行都要经过精心设计。无论这些美容导购是新品发布阶段只在销售网点工作两三天的流动团队的一员，还是受雇于门店的销售人员，对他们的培训都至关重要：因为他们是 SWAG 品牌最好的代言人。

销售培训

在 PIF 公司，培训是市场营销部工作职责的一部分，由 SWAG 培训经理或培训总监牵头。这位经理或总监负责编写培训资料，并在新品发布时，连同对品牌历史和价值的回顾内容一起，传授给各个国家或地区的培训师。每一款新品都有一张销售表，表中汇总了香水的关键信息，该销售表会在培训课程（产品上市前一两个月举行）结束后分发出去。此后，各个地区的培训师会在现场向美容导购做简要说明，不论这些导购是 SWAG 自营门店的雇员，或是在百货商场专柜工作，或是由其他零售网络雇用。虽然支付销售佣金是明令禁止的，但还是会定期组织销售竞赛，以各种形式奖励最佳销售人员，从奖励一条围巾到奖励其可前往巴黎度过周末，这些奖励方式反映了销售人员的业绩表现。根据品牌及其选择的战略，培训的优先程度不尽相同。举例来说，如广告和促销预算很可观，培训预算就会少一些。相反，高端品牌会在培训美容导购上投入更多，因为需要说服顾客掏出钱包买单！

促销

尽管传播部门和公关部门承担了宣传任务，但市场部决定着媒体资料包的基调，其中涉及用词、写作风格、格式、纸张类型等。所谓的 360 度发布，是利用公众和产品之间的所有沟通渠道——从美容杂志、戛纳电影节到 Instagram 网红。数字传播会引发一个问题，即高高在上的奢侈品如何在大众触手可及的媒介中推广，数字传播通常会交由公司内部专人或第三方机构负责。

配方公司的主流香水研发
卡特琳 · 多利西

开发一款香水需要配方公司与品牌团队的长期合作。这种合作关系如何进行？关键的对接人有谁？各方扮演何等角色？在概要之外，调香师如何获取创意？德之馨的市场总监卡特琳 · 多利西（Catherine Dolisi）分享了她的内行知识。

在香水的开发过程中，配方公司和品牌方之间是如何划分工作任务的？项目会持续几个月到几年不等，在这整个期间，配方公司以调香师为中心如巨大的蜂巢般运转。各轮提案的进度决定了工作节奏：从最初创意到最终版本，每次配方修改都会举行定期会议，好让每个人都有机会分享反馈并确定认可配方的嗅觉走向。整个过程始于激烈的创意风暴，然后是对香水进行微调的艰苦工作，调整其香味概貌、给人的印象以及表现力。从评香、市场营销、消费者调研到实验室研发和合规，各部门全力以赴支持调香师。品牌方也存在差不多同样的情形，团队以项目负责人为中心而努力。配方公司市场营销部门所扮演的角色既要站在潮流趋势的最前沿，向其他团队提出各种原创想法，又要确保香水的成功推广。这是美妙的历险，需要整个团队通力合作从而达成创意愿景。

品牌不同，这些工作也会不同吗？依照客户不同，我们主要的对接人可能是品牌方的市场营销团队，嗅觉开发部门或专家，创意总监或设计师，或其中的几个。根据客户偏好，首次提交的可能是最初的创香谐调，也可能是相当详尽的提案。然后在细化阶段，香水可能要经过大众测评衡量其接受度。

没有概要的情况下，德之馨的团队如何开展工作？对品牌及其香水产品的深入了解、对市场的专业见解都能让我们前瞻性地提出特定的嗅觉主题。更通常的情况是，创意的火花时刻迸发。德之馨给予调香师自由，让他们参与其他艺术表达形式。最近，一个名为“跟随香味环游世界”（A World Tour Through Scent）的项目让调香师们和Tendence Floue[①]的摄影师们以及*Nez*杂志的作者组成团队，合作献上了多个展览和一套12款的香水。

原料如何为调香师带来灵感？创香过程中原料是中心，在当下尤其如此。因此，德之馨决定复兴一个卓越香水原料品牌，虽然它早就是集团的一部分。洛捷之子（Lautier Fils）是一家格拉斯的公司，因其原料品质而享誉世界。洛捷1795（Maison Lautier 1795）发挥了德之馨在天然原料上的专长，主导该业务领域内的多个计划：我们在马达加斯加的项目是业内独一无二的，能产出品质卓越的原料；我们的Artisan系列，旨在让我们的供应商和调香师共同开发出专属创香理念；还有Supernature系列中的自然果蔬精华，由德之馨专利的Symtrap技术萃取而来。

这些都是创意灵感的强劲源泉，是后续开发和日后创作伟大香水的跳板。

① Tendence Floue：1991年在法国成立的、最初由十六位摄影师组成的团体，被公认为法国摄影界的重要组织。

大企业是如何开发一款新香水的？拥有圣罗兰、阿玛尼、普拉达等品牌的授权，以及兰蔻、欧珑品牌的欧莱雅集团，创新性地成立了内部嗅觉部门。这个部门扮演着怎样的角色？又是什么让它如此与众不同？该部门与配方公司是什么关系？欧莱雅高档化妆品部的高级香水创意与开发总监卡琳娜·勒布雷（Karine Lebret）为我们解答。

嗅觉部门是什么？
卡琳娜·勒布雷，欧莱雅集团

欧莱雅集团的嗅觉部门成立于何时？我在 2001 年创建了这个部门，那时算是一个关键时期：欧莱雅一直在收购新的品牌，产品上市的步伐也显著加快。我们需要采取更专业的方法为品牌开发新香水，为每个品牌构筑真实的嗅觉愿景，打造与众不同的风格以及与该风格相辅相成的产品系列。因此我决定将评香引入欧莱雅集团。在那之前，香水开发还没真正地体系化：有时候会聘请顾问，其他时候市场营销团队直接与配方公司合作。我们成立了一个全新的三方沟通机构，连接品牌、不同配方公司的调香师以及嗅觉部门，在两边充当创意总监和协调人的角色。

团队的组成是怎样的？我们一共有 14 人，都有科学以及香水业背景。当新团队成员加入部门时，会按照特定的计划学习如何不带个人感情色彩地评香。落到香水上，关键的问题是，这款香水是否符合特定受众，是否与特定国家的香味教育相匹配？

这个部门如何运作？不论是天然的、内控分子、分馏成分还是食品风味剂，革新性的原料一直都是助推剂。整体开发流程包括两个阶段：第一阶段是前瞻性的嗅觉研究，我们据此构筑出有前景的理念；第二阶段是与我们的品牌合作开发。我们核心名单上的调香师将会收到概要，上面载明了最新趋势和消费者需求的转变，例如，对植物的关注，新的嗜好，纯净美容与花香的再流行。部门的每个成员都负责一个特定领域的系列。他们分析竞争对手和市场状况，为自己负责的香水品牌制定嗅觉策略，依据每个品牌的嗅觉风格（例如，阿玛尼深沉的优雅和素淡，圣罗兰的奢华与绚丽）为调香师提供指导。我们不断与市场营销团队互动，我们从配方公司手中买断了一些前景看好的谐调，我们将这样丰富的资源拿来与市场营销团队分享。如果其中的谐调 6 年内没有被选用过，调香师可以重新选用。

能否和我们谈谈某款具体香水的开发？在圣罗兰的“黑色奥飘茗”香水发布的 5 年以前，我们就在思考新的嗜好。我们想摆脱自蒂埃里 · 穆勒的“天使”开始就一直在高级香水中占主导地位的美食香调，于是我们想到了咖啡。所以我们去了瑞士洛桑的浓遇咖啡（Nespresso）公司，在那里我们闻了许多品种的咖啡。随后，我们花了几年时间与不同公司的调香师合作，共同开发咖啡香调。其中有一款是与芬美意合作开发的，特别值得关注，也很精致。当圣罗兰的团队告诉我们，他们想推出一款新的“奥飘茗”，作为年轻、前卫的奢侈品时，我们认为这个谐调会是一个完美之选。于是，我们与品牌合作，为他们设计了一款专属的咖啡香调，引导竞标的调香师，直至最终选定。这种独特的方式释放了创造力，让所有人的开发工作都不再匆忙，愈发自由。越来越多的竞争对手正在效仿我们的做法，但我们会不断创新，献上更具创意的高品质香水。

第9章

INDEPENDENT PERFUMERY

独立香水

本章作者：朱丽叶·法利于

独立香水这个细分市场最早出现于 20 世纪六七十年代，自 2000 年以来，以每年约 15% 的比例持续壮大。从新近毕业的调香毕业生到配方公司的明星调香师，从香水爱好者到香水商，越来越多的人选择走上独立香水之路。但创立一个品牌意味着什么，又该如何实现？

高级时装设计师和珠宝商通过向大集团授权特许出售香水，如今他们不再是唯一的市场参与者。每年都有数十个新品牌发布，包括独立品牌。有些相对成功，或者被更大的公司收购，然而许多品牌很快就从人们的视野中消失了，因为在这样一个纷繁熙攘的市场上，要被消费者关注可谓困难重重。独立香水品牌不涉及任何其他业务（奢侈品、化妆品等），它们分销渠道有限，且通常比其他品牌有着大得多的创意自由。一般而言，它们对香水的构想非常个人化，注重创作过程，并且较少受到市场趋势的影响。然而，独立品牌与主流香水的经济实力天差地别。

创立品牌

开始这段冒险之旅的理由有很多，例如：

- 开发一个品牌，一种审美视角，或者把对香水的热爱发挥到极致；
- 在一个增长强劲的行业中开展商业实践，并提出一个独特的概念；
- 更新一个品牌或者使其现代化，吸引大企业的注意，然后出售该品牌。

这些目标并非相互抵触，而是常常结合在一起，以提升创造可行品牌的概率。毕竟，创立品牌的目标是为了销售，尤其当你想靠自己的品牌谋生的时候更是如此！

确定概念

一个品牌的整体概念是以后赢得消费者青睐的关键因素。整体概念包含：

作为灵感之源的世界观

旅行、文学、地区、时代、音乐、电影、魔术这些都是创始人用来创制香水的素材来源。但首先品牌所采纳并宣传的世界观才是叙事的出发点 。

一种审美

审美即创始人的艺术视界，换言之，以一种个人化而独特的方式，将蕴含灵感来源的世界观转化为品牌摸得着的元素。香水本身以及品牌徽标、设计方针、瓶身、包装、图像等等都反映出这种审美情趣。

如何注册品牌名称?

品牌名称、徽标以及香水名称一旦确定并注册下来，就受到知识产权的保护。国家知识产权组织负责注册流程。在欧洲，香水是属于商标分类中的第三类商品。除了香水，这类商品还包含化妆品和个人清洁产品。然而为了更保险起见，品牌可以在 2 个到 3 个不同类目下备案。

· 在法国国内注册（最多可在 3 个类目下）需花费约 275 美元；

· 任何形式的出口都必须经过国际注册。因国家的不同，价格有差异，但在欧盟国家进行注册需花费约 1000 美元。

品牌名称和香水名称

品牌名称一般是首先要确定的要素，先于创意流程，随后则是香水名称，在香水开发时选用。然而，明智的做法是提前想好一些名称，并确定名称的版权，这样可以保证以后有需要时可以使用。

目标受众

虽然很难在发布阶段就确定目标受众，但了解你想优先考虑的受众类型可以提高你找到目标受众的机会。

定价

定价的直接影响因子是目标受众。价格定位影响到商业企划和用于制造产品的潜在物力（原料、包装材料、浓缩液等），因此定价必须与之相符 。

唤醒睡美人

收购一个历史悠久但已从市场上消失且不再出售产品的品牌，也是创办香水品牌的方式。继承此前的香水屋之留存，意味着拥有一份遗产，可在其基础上添砖加瓦。这项任务需要让品牌与时俱进，同时保持其延续性，尊重其过往。

打造产品选项

当心竞争！

从历史上看，沙龙品牌将自己定位于主流品牌的对立面：有限的分销渠道，没有代言人，几乎没有媒体宣传，中性的产品，以及专注于原料品质的配方。自 21 世纪头十年沙龙香水兴起以来，这个细分市场的竞争日渐激烈。为了增加成功的可能性，独特而一以贯之的理念已经成为说服顾客和零售商的基础。零售商非常关注产品的质量及其与货架上其他品牌的协同效应。

步入正轨

如今一个香水品牌在店里面只发布一款香水的情形很罕见。如果消费者整体上是喜欢在香水屋消费的，则单款产品会严重限制他们的选择，让他们找到适合自己产品的机会变少。当产品系列有限的新品牌与一个提供多种产品、较老牌的品牌并存时，前者更加不堪一击，从长远来看，也很难引起关注。上述说明，竞争力和市场分析、定位和所传达的讯息，以及市场营销领域中的所有概念，现在必须在打造产品时将它们考虑在内。在初次发布时，新品牌将推出由 3 到 5 款香水组成的系列产品，以囊括主要的香型（花香、木质、古龙、东方和琥珀），面向更多受众。然而，一开始就发布太多款香水（比如说，超过 10 款）也可能会有负面效果。虽然多款香水开启多种嗅觉可能，但是开发成本以及失败的风险也随之倍增。此外，一次性发布许多款香水，品牌来不及树立口碑、形象以及传递讯息，而且消费者往往也没有那么快就买账。

设计香水

无论独立品牌的创始人是不是调香师，在设计香水的时候都会遇到重重阻碍。让我们假设两个虚构的品牌："梦香"，创始人为孟湘女士，一位训练有素、经验丰富的调香师；"爱芳"，创始人是艾方先生，一位创意型企业家而非调香师。

站在创意总监的角度

艾方先生自己不是一名调香师，他扮演的角色是创意总监。他负责自己的品牌，选择他的中间商、合伙人和供应商。但是要创作一款香水就没办法凑合了，还需要……一位调香师！虽然艾方先生会避免透露调香师在配方中的角色，甚至都不提调香师的名字，但是创香的流程大多是合作的。他可以选择邀约一名或多名独立调香师，以及一家或者多家配方公司。配方公司的规模取决于可用预算、生产量以及艾方先生的个人和职业人脉。他的决定会导致香水开发过程有所不同。

站在独立调香师的角度

实验室

如果你像孟湘女士一样，是一名独立调香师，你最初的投资相当可观，首要而关键性的资源是生产工具即实验室，实验室应配备若干种指定类型的仪器设备。在房租之外，出于安全生产原因还要符合法规要求，可能还要对实验室进行翻修整改使之符合现行标准。由于以上原因，很难在自家厨房中临时捣鼓出一个实验室。

如今，从调香学校毕业、在配方公司获得工作经验后，或是见习生涯的后半段，越来越多的调香师都希望自立门户，创办自有品牌或合作品牌。因此，最近有一些机构开始为独立调香师提供实验室和制作配方所需的全部软硬设施（软件、成分、法律服务等）。创业所需的初始投资已大幅下降。这些实验室往往是和其他调香师共享，跟联合办公空间很像；调香师会感觉没那么孤立，有机会互相探讨彼此的创作。

	预计成本/美元
实验室设备(玻璃器皿、计量秤、冰柜等)	2000 ～ 3500
家具及电脑	1000 ～ 2500
最初所需的原料	约 2000
总成本	**5000 ～ 8000**

一位调香师，两种可能

独立调香师

·独立调香师工作灵活有弹性，方便直接共事，日程安排宽松，这些确保了工作更有深度，有时候也保障了在创作上会投入更多时间。

·独立调香师有可能会按研发时长收费，也就是最终购买浓缩原液之前，投入在艾方先生香水上的时间。这个时间原则上没有上限。

·调香师的头衔不受任何法规约束。虽然有自学成才的调香师，但是调香工作还是需要漫长的学习过程和特定的专业技术。在选择调香师之前，去调查一下他们的职业生涯、作品和风格非常重要。

配方公司

·因为独立品牌对配方公司来说业务量不大，公司调香师通常在项目上投入的时间就更少。研发阶段比较受限。

·配方公司不收取研发费用，但是为每千克浓缩原液所支付的成本费要比向独立调香师支付的多，最低订货量也相对较高。

·配方公司可以提供完备的专业见解，并保障它选派的调香师有可靠的认证，而且成分调香盘也会更大更新颖，这会为香水创作增值。

原料和生产

为了大规模地生产浓缩原液，孟湘女士必须找到一家供应商（通常是一间配方公司），为她的配方提供所需原料。但是选择并非易事，孟湘女士必须说服她的供应商，她的创作会带来大额业务——调香师卖出的香水越多，供应商卖给调香师的浓缩原液也越多。待到商务条款协商一致，孟湘女士便列出她配方所需的原料和每种原料的重量，然后供应商会计费。如果需要指定品质的原料或者分子，孟湘女士也可能会找多个供应商。如果需要指定厂家生产的特定品质原料或者分子，她也可以要求特定供应商将其加入产品目录中供她使用。依照她的要求，供应商会在准确条件下定量生产香水浓缩原液。

创作自由

个人愿景

对独立品牌而言，设计一款香水不一定需要评估或者市场营销团队的参与：虽然创作出一款成功产品是四海皆准的目标，但独立品牌的创作方法更多地基于供给关系，献上一种个性化的、独特且原创的视角。与之相对地，为主流香水业开发的香水旨在迎合需求，靠着初期的消费者测试以及让消费者安心的香味准则，从而确保一款香水的大范围成功。与独立品牌合作的调香师在创作香水时，通常更加自由，不受外部审批的限制。然而，与独立品牌合作的大型配方公司数量激增。这些公司内部的评估和创香流程完善而规范；因此，虽然调香师有较大创作自由度，但随之而来的创作有时会倾向主流香水业的香味准则，这又逐步影响了市场的整体审美。

技术评估

没有评估部门并不意味着不评估！相反，这个阶段对于开发流程来说依然举足轻重。为了站在技术和审美的视角来判断创作中的作品，孟湘女士和艾方先生将：

- 在自己或者亲属的皮肤上测试；
- 评估配方的技术有效性（扩散度、持久度、香迹等）；
- 分析审美价值，调配出一种体验，衡量与品牌理念的一致性；
- 设想其他可能的谐调或者补充香调，让某个想法走得更远。

孟湘女士可以自行测试，也可以找来具备香水技能的个人或者团队进行测试，确保沟通有效，这样她可以改进自己的试验配方。她也可以寻求在配方公司工作的其他调香师的支持，例如说，某个可以帮她解决技术困难的调香师。

至于艾方先生，他的角色是创意总监。他清楚方向，并且将他的愿景传递给合作的调香师。他把想做的调整告知调香师，确保他的愿景与品牌在香水中得到反映。

合规测试

确保配方符合规定标准

配方必须符合国家标准以及 IFRA（国际香精协会）的规定，这是研发流程的首个监管步骤。

孟湘女士负责自己的配方。因此她必须及时了解各项新规章，从而避免使用任何潜在有害的成分，这些成分会拖累配方的审批。艾方先生则依靠所选的调香师，为他带来符合现行标准的配方。

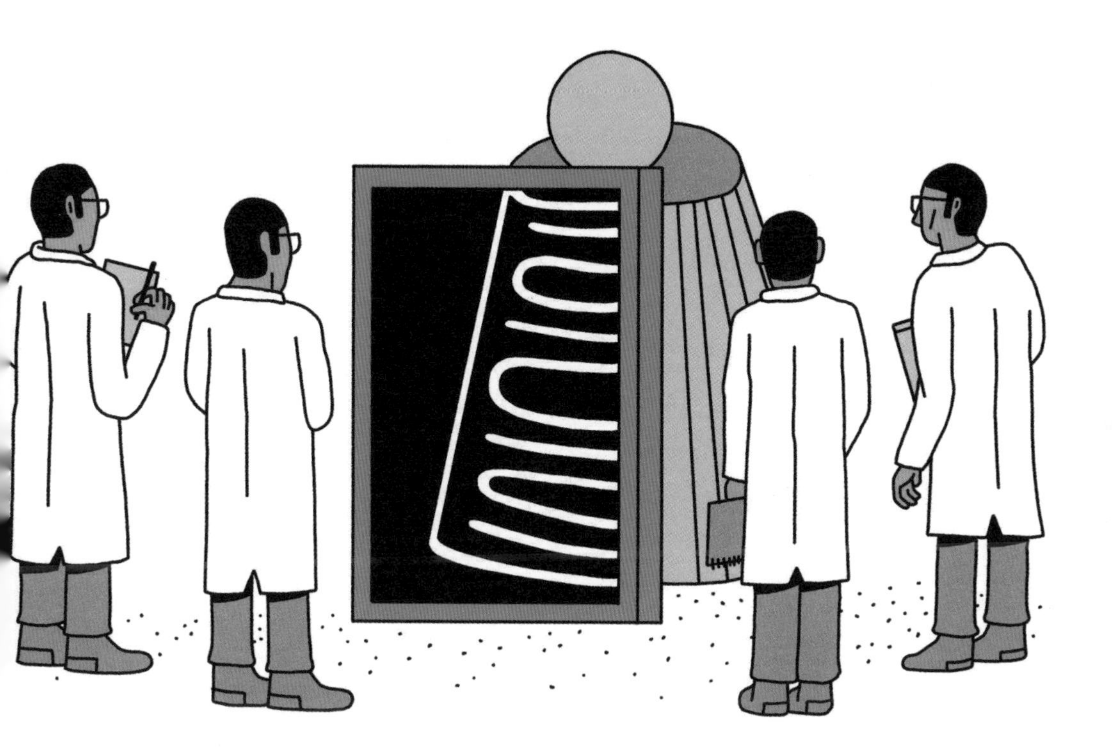

关键流程

不管你希望生产的香水量有多少，证明其符合当地监管要求都相对漫长且耗资不菲（根据所联系的公司不同，每款产品2000到4500美元之间）。香水必须有相关证明文件，并且通过若干测试：

- 产品信息档案是一份强制性的文件，其中包含所有有关当局需要的信息，以确定配方合规。这是一项繁重的行政工作，因此独立品牌经常要靠第三方来完成。
- 为了制作档案，具有资质的专家（通常是毒理学家）要进行安全评估，并由独立专业机构对最终产品进行测试。

这些测试检测致敏性和皮肤耐受度，测试还包括在志愿者身上进行的贴片测试或皮试。

生产浓缩原液

生产方

配方获批、最终确定并成功通过监管合规测试之后，就可以进行不同规模的生产了。一些独立品牌有自己的生产单位，但是很少。他们通常都会要求供应商来生产，但是这类生产不可凑合：为了稳定生产大量浓缩原液，正确的设备、原料和专业技术必不可少。

孟湘女士把配方发给她的供应商，供应商会收取原料和生产的成本费用。供应商的规模、内部采购能力（从生产商或者分销商直接购入）以及产能将决定附加利润，其浮动空间很大。

对于艾方先生，这个过程取决于他是与独立调香师还是配方公司合作。独立调香师会和常用厂商一起管理生产流程（保密配方，避免艾方先生找其他厂商生产浓缩原液）。

他们会向艾方先生出售浓缩原液，售价包含利润。配方公司内部拥有制造香水所需的资源：原料库存及生产单位。浓缩原液的售价包含原料和制造的成本，以及配方公司的利润。

生产量

独立香水通常产量较小。但是，香水生产行业是非常集约化的，承接小批量生产的公司少之又少。

大型配方公司的起订量通常在几百千克上下。例如，订购 300 千克浓缩原液，用来生产25000瓶浓度为12%的100毫升香水。独立品牌发布首批香水，一般每款香水要订购5到10千克的浓缩原液，从生产数百瓶香水起步。二者的量相差很大！然而，如果遇到小批量订单，大型公司有时候也会有一定的灵活度，把起订量降到几十千克从而抓住这个特定市场。这是一项长期投资，因为小品牌总有可能发展成大品牌。

浓缩原液生产出来以后，就要送去包装，获得新生。

具体的生产量

销售的香水数量在订购浓缩原液前就会事先确定。但是，还需要额外的浓缩原液，用于：

·清洗生产缸
这个操作可以避免任何此前产品的污染。每一缸需要10升的浓缩原液，需要记住的是，100毫升和50毫升的香水瓶是由不同的生产缸灌装。

·生产试用装
平均每销售5瓶产品，需要1瓶试用装。

·生产样品
每销售1瓶产品，大约需要2.5个样品。

·提供保底利润
10到30升不等。

和香水生产一样，包装厂也会对以上步骤收费（参见本书第225～227页）

香水浓缩原液，究竟花费几何

一旦出售给品牌后，配方的真实成本就难以估算，同样难以估算的配方公司和独立调香师的附加利润，这一切都罩在秘而不宣的文化氛围中。分销渠道、订货量、设定的零售价格、品牌要求、香味方向、使用的成分类型以及不同合作方之间的协议，以上因素造就了成本与利润的天壤之别。

尽管针对主流市场，香水浓缩原液的售价在每千克75到160美元间浮动，但针对领军品牌的私属系列，这个价格平均会翻一番，而独立品牌则会翻两番，有些概要规定价格甚至超过了每千克1000美元，甚至不设上限。然而，价格并不完全代表香水的品质。

合作方式的不同，决定了利润在原料成本、调香师和浓缩原液供应商或配方公司之间的分配比有所不同。

孟湘女士委托供应商生产浓缩原液

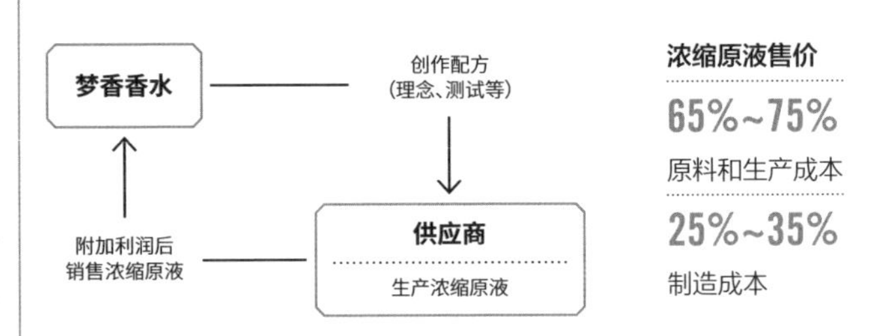

艾方先生选用独立调香师

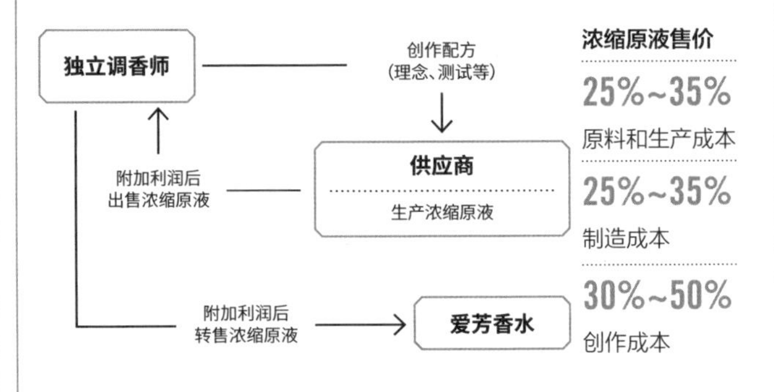

艾方先生选用配方公司

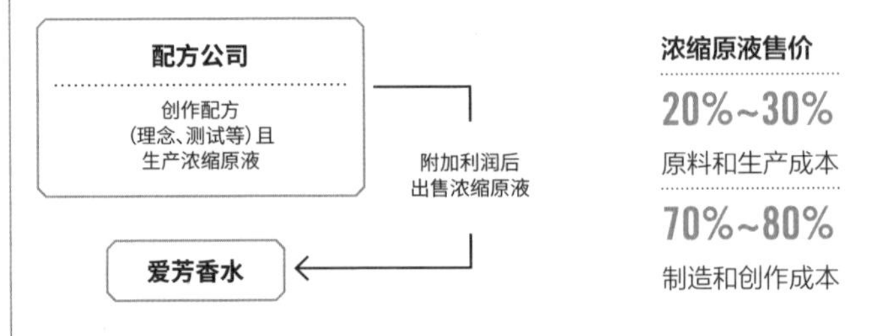

包装与备货

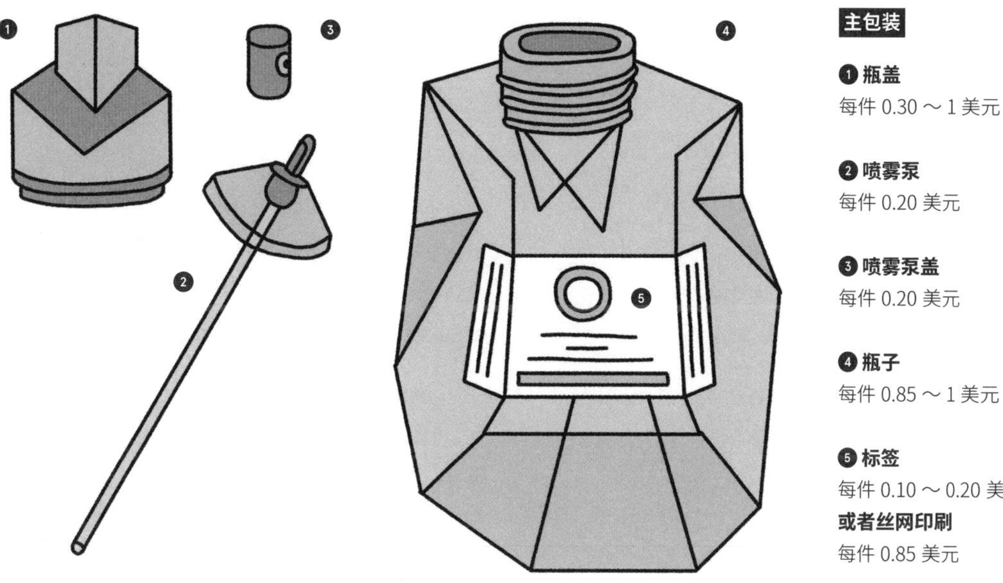

包装

包括瓶子和容器在内的完整包装，在香水研发时就要设计和采购。为了保证上市顺利，香水生产出来以后，就必须迅速装瓶，因为运输会是很漫长的过程。订单量决定了所有包装组件的售价：订单量越大，单个组件的价格越便宜。再者，某些供应商对最低订货量有要求，一般是几千件，这就解释了为什么包装是一项重要投入，为什么绝大多数独立品牌会把不同款的香水装入同样的瓶中。包装是视觉传播的重要元素，需要格外小心。在没有多媒体主流广告宣传的情况下，包装是一个重要元素，主流香水和独立香水品牌都依赖包装与竞争对手区分开来，其他的区别还有叙事与创作本身。

有两类不同的包装：

主要包装

主要包装指瓶子、喷雾泵、喷雾泵盖和瓶盖，这些组件中的每一种都可以从不同公司单独采购。这能带来更多选择和最大限度的个性化，重要的是确保所有组件在工艺上兼容。

次要包装

次要包装指用来装香水瓶的盒子。盒子是由印务公司设计和制造的，印务公司同样还生产香味纸或者带有品牌标志的袋子。最常见的选择是盒子加纸板内衬。这种最便宜的解决方案常用于主流香水。在沙龙香水中或者领军品牌的私属系列，有时候会用到硬质礼盒，盒子内衬泡沫或者带一个函套，可以把整个盒子收进去。

可行的个性化选择还有若干种：个性化的香水瓶，玻璃模具的设计费用约 30000 美元。能展示品牌标志的锌合金瓶盖，也许需要另外的模具，平均花费约 10000 美元。

这些组件都将送到包装厂，用于组装最终产品。

包装厂

大品牌的大部分生产都在公司内部完成，与之相对，绝大多数独立品牌将包装流程外包委托给专业厂商。这些厂商于生产链末期介入，负责产品上市前的最后阶段。因此，他们是重要的服务提供商，集中了此阶段所有工作。此生产阶段也是开销较大的阶段之一，价格取决于生产规模：生产规模越小，单价越高。

组装

包装商负责：

- 以酒精稀释浓缩原液；
- 浸润陈化；
- 如果需要，过滤和着色；

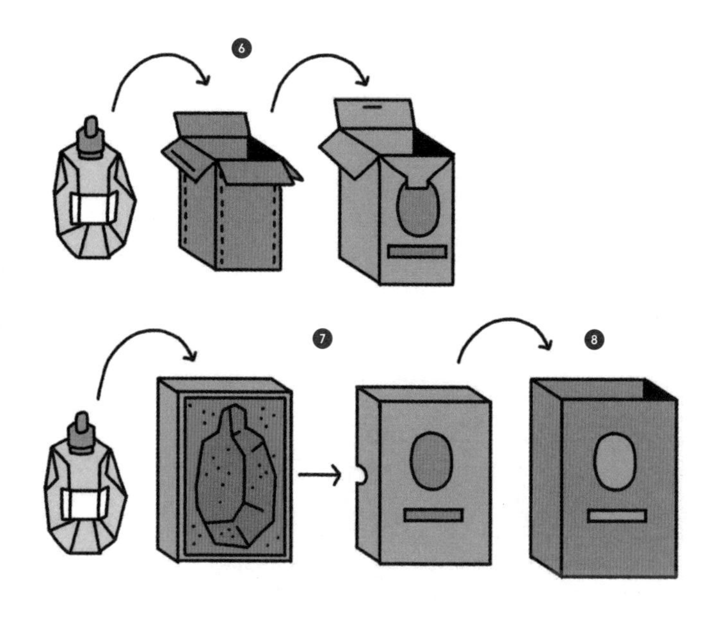

次要包装

❻ 纸盒 + 纸板内衬
每件 0.45 美元

❼ 盒子 + 泡沫
每件 1.65 ～ 6.50 美元

❽ 函套
每件 0.10 ～ 1 美元

定制服务
从香水开发到包装的选择，品牌定位到市场传讯，某些专业机构负责部分或者全部的生产链，为品牌创办人提供整体解决方案。这种解决方案极大地减少了中间商数量，固然有一定的优势，但也会导致最终产品趋于标准化，成品缺少些许定制化的感觉。

- 组装香水瓶；
- 贴标签（通常按品牌）；
- 包装；
- 塑封。

准备订单

产品生产好了之后，就到了重要的物流阶段：仓储、备货和交付订单。包装厂商或者物流公司可以负责仓储和订单管理。分销商或经销商从品牌处下了订单，订单信息会发送给选定的订单打包方。打包方备好货物，用气泡纸包装好香水连同附件（袋子、试香纸、试用装和试管样品等）一起转交给承运方。

运输

产品将依据选定的分销体系（参见本书第 7 章），运输到分销网点。

- 若是商店直接下订单，品牌通常会承担运输成本，并选用打包方的承运商；
- 若是分销商收到订单，通常会委托自选的承运商从打包方自提订单。

销售香水

这是香水与其幸福拥有者邂逅前的最后一步。对于独立品牌，销售香水要在不同销售网络和可行的分销方式之间做选择（参见本书第7章），并且建立销售策略，通过促销活动提升品牌形象。

开设自营门店

作为品牌创办人，开设自营门店销售香水是个有趣的选项。这是最合理的解决方案，可以在一个符合品牌理念的环境中展示产品。这种方式没有中间商，因而保障了品牌在成本价格和销售价格间的最大利润。

然而，这种选择需要大笔的财务投资，很少有品牌可以承担。成本包括支付潜在的建设用工、门店月租以及门店运营者的薪资。此外，这种选项本身也有缺点，因为它极大地限制了

在线销售

电商网站如今几乎是任何生意的必要构成，就像实体门店一样，在贡献利润上自有其优势。绝大多数品牌都会在投资于在线销售服务。

独立品牌的分销

有三种分销体系让一个品牌进入目标销售网点：直接分销，即没有中间商；通过代理商，或者专业分销商（参见本书第7章）。

品牌与潜在顾客之间的接触面。在香水行业竞争激烈的环境中，全新的品牌很少能依靠单独一家店铺就保证足够的销售额从而平衡账务。然而，这依然是一种保障，能让将来的合作方和分销商放心，有助于品牌入驻百货商店或精品专营店，助力销售网络的壮大。

> 法国的情况
> 在法国分销独立品牌香水是出了名的难。历史性的原因和市场结构从如下方面限制了这些品牌成功铺开：
> ·20 世纪 80 年代前开设的独立门店几乎已经被主流分销商全部收购或者连锁化，整个细分市场集中在少数几个玩家手中。经历了那个年代却依旧保持独立的门店所剩无几，并且重新发展以沙龙品牌为基础。
> ·法国客户从主流商店购买香水长达几十年，通常他们都有常客折扣或者会员卡。改变消费者习惯是一个漫长而缓慢的过程。
> ·出售沙龙品牌的门店销售网络相对年轻且规模小。相对于希望入驻的品牌数量，经销商的数量屈指可数，这限制了独立品牌盈利的机会。

启用经销商

经销商网点构成了独立品牌的主要分销网络。

百货商场

对小品牌来说，百货商场提供了很好的展示空间，带来了庞大的顾客人群，通常还是国际顾客，购买力强劲。依据清晰主题划分的空间让品牌得到展示，品牌可以租用柜台（租金价格根据规模和落位各有不同）。然而，有些商场规定柜台要雇用销售人员，那么成本中就得加入薪资，而且有指定的入驻条件（只有达到固定销售额目标后才能续租）。因此，这种选项也需要一定量的投资。

多品牌集合店

这类专营香水的门店提供了更为传统的模式：

- 由门店运营者精选的沙龙品牌得到展示；
- 触及差异化的本地消费者和香水爱好者，依据门店所处位置，有顾

客或爱好者会从国外慕名而来；

• 这类门店服务周到、店员经验丰富，凭借专业的香水推荐、丰富的可选款式和精选过的品牌，吸引顾客。

为保证店铺员工能恰如其分地为顾客推荐产品，在这类门店销售产品的品牌会担负起培训工作教授员工产品知识，并提供促销和展示香水所必需的物料（试用装、试管样品、销售现场展示等）。这些门店同样也提供线上销售。

与自行销售产品、没有中间商的品牌不同，以上两种类型的销售网点只能经由分销系统介入。

独立品牌可以集合以上不同的经销商类型，保障较优的区域性辐射，并且覆盖尽可能多的顾客。即使分销网络受限，品牌也必须出现在足够多的销售网点，尽可能让更多的人看到。

市场传播与增长

独立品牌有时候容易忽视市场传播，因为生产和分销已经是很大的工作量。尽管如此，就算有着世界上最好的产品却无人知晓，也毫无意义。市场传播一般在进驻商店后开始，而视觉形象（品牌标志、字体、用色等）则先于进驻。有哪些不同的推广方式？它们如何为独立品牌（及其香水）带来最大曝光度？

推广方式

独立品牌面对的主要挑战是推广香水，也就是让人们看到香水。为了解决这一问题，品牌把免费的试管样品交给经销商，在店内或者在网上分发给顾客，销售现场展示则包括用于橱窗陈列的标志和装饰性的海报，还有桌面展板、小展台、立式展板都描绘出品牌的世界观。品牌会组织活动和招待会发布产品，与零售商合作，零售商可以邀请忠实顾客去调香实验室或者品牌创办人的办公空间；也可与分销商或者公关公司合作，向记者、博主、YouTube 播主和 Instagram 红人做展示。

网站投资

虽然设计网站耗资不菲，但如果想要推广产品，它是必不可少的展示平台。独立品牌没有网站几乎寸步难行。网站的设计预算根据所需有所不同：

·简单网站（无在线商店）：约 1650 美元；

·带在线商店的网站：约 5500 美元（根据定制化程度，可能更加昂贵）。

另外一个重要的在线推广方式，是像 Facebook 和 Instagram 这样的社交媒体平台。品牌通常会借助这些平台建立起口碑，与顾客和香水爱好者互动，他们会在平台上交谈、提问、追踪最新消息。

公关舆情

虽然独立品牌很少在主流媒体上做广告，但记者也可能会提及自己喜欢的香水品牌。为了出现在记者笔下，且预算允许的话，雇用一家媒体代理是一种选择，收费从每月 1000 到 2000 美元不等，雇用合同最少半年起，有时是一年。

媒体代理掌握着关键记者的网络，靠着媒体资料包的使用和组织特别活动，这些记者愿意传播品牌信息。根据协商一致的条款，这类公关活动可以包含在分销合同中，这种情况下，分销商会选用自己的公关公司。

如今，与香水爱好者群体和社交媒体红人建立联系，已成为公关公司的必要职责之一。这些“消息灵通的爱好者”有时候会通过热门 Instagram 账号、YouTube 频道、博客或者专门网站发布品牌信息、测评结果、使用感受等，他们面对的受众也会经常访问论坛和聊天室。被这些红人们注意到的品牌可以接触到爱好者群体，他们热衷发现独立香水屋、到访店铺，并且追踪产品发布的进程。

理念、偶然、专业知识和中间商，累积起来造就了独立香水经济，让外行无从窥探。发布一个品牌是复杂、令人激动有时又令人却步的冒险，需要对人和所涉及的财务投资都有透彻眼光。虽然独立香水的细分市场让独立调香师和品牌创办人讲述自己的故事、分享热情、给人梦想，但已经和 21 世纪头十年初期所描绘的黄金国度相去甚远，尤其当我们了解到一款香水一路的艰辛，常常为存亡所挣扎，就更是如此。

2018年，迪诺·帕切（Dino Pace）创立了一个基金，支持沙龙品牌运作，并在小而竞争激烈的市场上扩张。虽然冉冉上升的独立品牌具有想象力和原创性，但通常缺乏品牌增长所需的财务实力或专业的管理知识。这正是Nichebox施展所长之处。

资助独立香水
迪诺·帕切

Nichebox 到底是什么？ Nichebox 并不完全是一家股权投资公司，而是我与我的一些合伙人的创业想法。我们决定投资小众的香水和护肤品市场，支持中小型企业的发展，它们已经形成明确的市场定位且脱颖而出。我们的投资组合中有两个品牌：液态创想和克莱夫·克里斯蒂安。我们不仅仅是支持创业活动的财务投资方，也积极参与品牌管理，以求实现品牌在全球范围内的稳步增长和统一形象。我们和一个由 60 名专家组成的团队合作，该团队负责市场营销（从产品开发到在线传播）、财务、销售和供应链方面的工作。

你们如何支持投资组合中的品牌？ 这真的取决于品牌。2018 年，我们首次收购的是液态创想。这个品牌有许多充满创意的美妙香水，但团队很小，仅由联合创始人菲利普·迪梅奥（Philippe Di Méo）和达维德·弗罗萨尔（David Frossard）运营。在财务支持方面，液态创想成为 Nichebox 的一部分意义重大：更多投资会被用于新产品开发、新市场开放和数字通信；更不用提我和我们的营销总监尤利娅·库隆（Yulia Coulon）多年来打造的业务网络，会为其提供业务支持。液态创想从一家两个人的公司转变为掌握资源可以调遣更大团队的企业，并从加速增长中受益。就业务规模和国际知名度而言，克莱夫·克里斯蒂安则截然不同，它过去是、现在仍是大名鼎鼎的品牌。我们收购了该公司 100% 的股份，拥有公司的所有权和支配权。这意味着组织架构中的大多数员工仍在原岗位上为我们工作。

你们如何选择独立品牌？在沙龙市场，任何新事物都值得关注。无论是分销商、零售商还是消费者，行业的参与者本质上都是好奇的，这种好奇会带来新机遇。选择新品牌是基于个人直觉和理性思考。我们会看品牌的表现、知名度及其分销渠道。我们需要理解品牌的项目、背后的价值观及其对未来的展望。我们会追求品牌业务的国际发展潜力。当然，谈到独立香水，顾名思义目标消费者就是小众，我们并不指望所针对的潜在消费者是广泛群体。尽管如此，国际吸引力还是很重要的，因为我相信一个品牌只有在美国和中国同样有潜力，未来才能变得有价值。

中国对于 Nichebox 有多重要？首先，考虑到市场规模，显然就很关键。其次，看到新一代的中国消费者对沙龙香水愈发感兴趣也是非常有意思的。在过去两年里，我们发现中国新兴的年轻富裕的消费者群体正在寻找真正与众不同的东西——一款自用的签名香水。他们对当作身份象征的品牌本身越来越失去兴趣。我认为他们正在形成自己的品位，迥异于我们所熟悉的冷漠刻板印象，对我们的产品组合来说，这绝对是极富吸引力的市场。如今，液态创想已在中国成功立足——其香水和品牌故事都能吸引到时尚的中国年轻消费者。

中国，一个欢迎高级香水的市场
卢多维克·博纳东，柏氛香水

2017 年，卢多维克·博纳东创立了柏氛香水品牌。该品牌专注于卓越品质和真材实料，如今已有超过 25 款香水。其使命是通过品牌的创意群体重塑巴黎式的高级香水。柏氛逐渐形成清晰和包容的风格，但同时也从未脱离其核心价值观：品质和创意。过去四年，这个 100% 法国的品牌赢得了包括中国客户在内的国际客户的青睐，吸引了许多心态开放的香水爱好者，他们对品牌的艺术精神感同身受。

你是为何又如何创立自己的香水品牌的？首先是出于热情，其次也因为我想从事自己梦想的工作。我和我的家人带着我收藏的香水去哥伦比亚定居时，这一点变得清晰，我发现在热带氛围下各种气味都会被放大。某种程度上这是个启示，敦促我冒险创立一个与我的理念——真诚、专注品质，以追求惊喜和情感为基础——相似的品牌。我力求通过令人愉悦又现代的方式，重新运用高级香水的符码（尤其是美妙的原料）；而且基于这样一个前提，因我的创作乐趣而诞生的香水系列会吸引香水爱好者。

你对中国小众市场的境况和香水趋势有何看法？我没有看出中国大众具体的偏好，而是看到其具有非凡的开放心态。他们对小众香水抱有一种新奇的态度，也许是因为他们没有被跟我们相同的嗅觉文化“格式化”过。中国消费者对任何超越常规的事物都非常热衷。这为我们创作者提供了真正自由的基调，这使得中国成为一个令人兴奋的市场，因为一切皆有可能。就像我们回到了香水业的根本：创作是由欲望驱动的，人人都可以出于本心自由选择吸引他们的香味。就像我们重新借用高级香水一样，中国的消费者也以他们希望的任何方式借用我们的创作彰显个性。我们看到中国顾客有爱美和艺术性的一面，这和西方别无二致。还有对创造力的真正渴求，因为他们是寻求真实性和故事性的群体，有灵魂的品牌才能吸引他们。

所以市场并不会影响你的创作过程？因为柏氛是一个具有包容性的香水品牌，香水的故事是混搭的。在中国旅行期间，我发现了这种前卫文化的丰富性，它向世界开放。当下，它被置于时尚、艺术和香水的前沿。这份好奇、对原创性的渴望，为中国的小众香水带来全新的推动力。我们不会指导新品在中国市场的发布，事实证明这很具挑战性，因为我们面临着新的任务：深入一个追求美感的群体的嗅觉记忆和童年回忆。这才是真正的创作挑战。我们也致力于和中国艺术家建立合作关系，因为我们乐于和我们在五湖四海结识的青年才俊互动，通过艺术建立联结。

在中国，你为自己的品牌选择了哪些分销渠道？我们还没有在中国遍地开花，目前只进驻了小红书、微博和微信。我们的当务之急是在引人瞩目的概念店分销我们的香水，满足目标受众。这个目标受众和我们在欧洲国家以及美国的类似：一个有创意、有热情的社群，他们追求全新体验和美妙香水。

第10章

LIFE OF A PERFUME

香水的生命周期

本章作者：贝亚特丽斯·布瓦瑟里

不可否认，一款香水从开始到结束，生涯坎坷：从植物开始，化学介入助其成长，调香师的想象力决定了其走向，随后因广告宣传或口碑而繁荣。香水进入商店后，就没人知道它能在货架待多久，是 6 个月，还是 100 年。

自然资源日渐枯竭，规章制度层出不穷，研发成为香水业的关键。在饱和且竞争激烈的市场上，作为最大众化、最赚钱的奢华饰品，香水的命运多舛。与钻石不同，配方往往不会永存。一旦一款香水从市场上消失，香水爱好者会不遗余力地守护其香味传承，生怕它被遗忘。瓶中的香水则有着另外的故事：顶着同样的名字，一款香水定期要进行改造，以符合当下适用的法规。

配方调整

我们今天喷洒的香奈儿五号当然和最初的版本大有不同。首先，当调香师恩尼斯·鲍于 1921 年创作这款香水时，茉莉和玫瑰的萃取方式和现在不同：那时候，使用挥发性溶剂萃取是一种全新的方式且有待完善。其次，如今这些花朵生长的土壤喷洒了除菌剂和杀虫剂，这毫无疑问会改变花朵的香气。由于欧盟化妆品指导方针更加严苛，原配方中的某些分子自此被禁用。更遑论香水行业自律代表机构 IFRA 年复一年修订其法规，以生态和预防为由，威胁要缩减或者限制某些分子在香水业内的应用。这些决议导致了市面上许多香水不断进行配方调整。

遭受非议的物质

早在 2002 年，布鲁塞尔就强制香水生产商必须在包装上列出 26 种潜在的过敏物质。2012 年，欧盟消费者安全科学委员会（SCCS）发表了一份报告，是关于所有香水中被认定为有危险的物质的：据报道，3% 的欧洲人对于过去几十年中用于香水中的数十种分子产生了过敏反应。香叶醇、香豆素、异丁香酚、新铃兰醛以及柠檬醛都遭受非议。两年后，欧盟委员会规定，需在包装上标明的成分数量提高至 82 种。

所有香水在其生命期内，都至少经历过一次配方调整。从我们祖父母的盛年时期起，无数香水顶着同样的名字，然而如今祖父母们却不太可能辨认出这些香水是曾经的同款。调香大师让·吉夏尔说他每两年就要修改一次丽娜蕙姿的“比翼双飞”的配方，以符合法规规定。某些品牌充分利用这些强制性的技术调整，让配方变得现代，他们认为如果自家的香水稍做修改，甚至是大幅改造，在市场上的表现会更好。

非凡的魔术师

话虽如此，大多数调香师在调整已有配方的时候都小心翼翼。他们从来不只是简单地替换被禁用的成分，而要重新调制香水的完整配方。

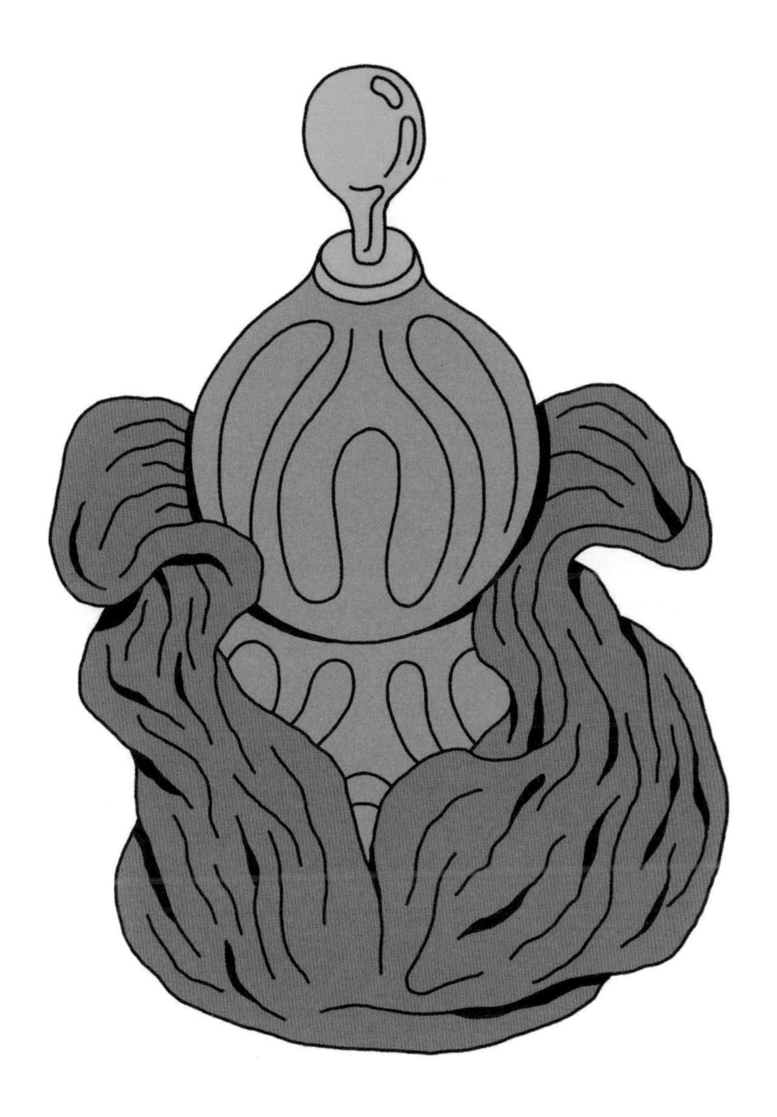

这并非轻松的差事，因为原料的挥发时间各不相同。更改一种成分，会让香水前调分崩离析，后调改头换面，所有剂量都必须进行不同程度的调整，特别是如今有些分子被禁用，在香水中一点也不能添加。例如，在“迪奥之韵”里，新铃兰醛不仅仅模拟了铃兰花朵，而且增强了花香调。幸好，调香师们都是伟大的魔术师，就像为了再现龙涎香这一稀有而昂贵的原料，他们能用某种分子或香基骗过我们中最聪明的人：降龙涎醚（Ambroxan）、龙涎香苯乙烯（Ambrarome）以及龙涎醇（Ambrinol）

都非常有效地模拟了龙涎香的动物香调。

逝者如斯夫

有时候，调香师也必须承认失败。不失本真地复制某些香水是不可能的。但是，技术困难并非一款香水消逝的唯一原因；香水的命运和其母公司息息相关。当母公司倒闭，品牌的消逝通常会带走香水的配方和嗅觉传承。偶尔大型跨国企业会以特许形式复兴传统，在留下香水的名称、风格和瓶身设计的同时，抛弃某些香水本身。现实的情形是，推出一款香水所需的专业知识和技能也许是小品牌所不具备的，因此他们会转让香水。事实上，新发布一款香水常常创造一种良性循环：一款成功的香水会提升时尚品牌的形象，就像品牌的成功会提升旗下香水的档次，即使品牌并无香水的特约许可也是如此。

香水的消逝原因众多。生产成本太昂贵、太通俗或者刚好相反太小众、不恰当的广告宣传活动、面市太早；简而言之，因为一款香水不赚钱。

逝去之香的名单注定会越来越长，因为香水世界已经变得残酷无情。如果一款香水在发布的前半年未获成功，它就会被舍弃。绝大多数香水撑不过两年。尤其当香水已经变得全球化：虽然香水变得越来越普及（据《世界香水》的作者迈克尔·爱德华兹[①]记载，2016 年共有 2240 款新香水问世，相比之下，1992 年是 118 款），香水的成本却更高（过去 10 年内上涨了 30%）。尽管 2016 年在法国，每秒售出 1.6 瓶香水，2017 年销售却下滑。香水的境况和分销都已改变，其他领域尚待征服。

---

① 迈克尔·爱德华兹（Michael Edwards）：著名的香水专家，自 1983 年起出版《世界香水》（*Fragrances of the world*）一书来，几乎每年更新，是重要的香水名录参考书。

尽管香水依然是市场营销和销售下最有利可图的配饰，但也许很快就会被美妆产品踢下王座。口红与睫毛膏已经成为角逐头牌的强有力竞争者，因二者都能以低成本获得一定程度的奢侈感。二者都是带给人乐趣的产品，完美契合了被社交媒体统治的当今时代：日常生活必须时时以“妆”示人。

重新发行

死而复生成为品牌宠儿的情形，有时候会发生在一款香水身上。1987 年，香奈儿小范围发布了“黑木”香水，其瓶身类似五号香水，配有乌木的瓶盖，但很快就从货架上消失了。然而这款香水的故事还没结束：1990 年，这款香水以“自我”之名卷土重来，让－保罗·古德①策划的公关宣传令人印象深刻，让这款香水一夜成名！“美好年代”“咆哮的二十年代”“摇摆的六十年代”依旧盘踞在香水爱好者的想象中。某些大型香水屋会定期生产和发布限量或者私属系列产品，以高昂定价

① 让－保罗·古德（Jean-Paul Goude）：法国视觉设计师、插画家、摄影师、广告导演和活动策划人。

销售这些从旧时光中复苏的香水。有一些香水屋则声称，他们绝不会停产旗下香水。在当今的香水业界，唤醒睡美人的举动不胜枚举。但重点是，品牌从过往传承中撷取的不过是香水的名号与故事，配方从来都是全新的。对香味传承大加利用的目的主要还是让新香水盈利。那么，如何重塑并且让配方现代化，同时保持香水原来的精神风貌呢？就修改配方而言，这是件复杂的事：20 世纪早期生产的许多香基已不可追溯。有时候，一种天然成分从市面上消失，不是因为法规限制，而是由于地缘政治、经济或者气候相关的原因。

善变的自然

地震、飓风、干旱：自 2000 年印度尼西亚广藿香危机导致许多香水仓促改版，先发制人就成了香水业的指导原则。香水生产商学会了谨慎管理具有战略意义且几乎无可替代的产品库存，如海地香根草、埃及香叶天竺葵、马达加斯加香草、保加利亚玫瑰和印度茉莉。他们提倡可持续性地管理原材料，通过公平贸易来照顾合作伙伴，也学会囤积可以持续一到两个季度的库存以应对供应短缺。

不管危机是与气候还是政治相关，这些危机总是转瞬即逝的；很少有产品会从市面上消失超过两年。然而，每一年都有 3 到 4 种原料面临压力。2018 年，北非的苦橙遭受大雨袭击，收成惨淡；早几年，香叶天竺葵因为埃及的一场旱灾大幅减产；结果便是精油价格猛涨，生产商只得依靠库存填补缺口。有时候，气象和地缘政治原因叠加，让情况变得

更为复杂。2017 年，恶劣的天气、掮客的贪婪和香草对调香师、调味师经久不衰的吸引力让马达加斯加香草遭受重创。虽然单根豆荚的价格如今已经大幅下降，但需求的激增、令人失望的产量以及贸易商的投机都意味着价格飙升。

尽管生产商有先见之明，但他们却无神奇的解决之道，唯有勒紧裤腰带，坐等困境过去。有些厂商选择了完全透明的做法。因此，几年前某品牌对美国媒体发布公告，宣称将会停产某款产品，因为晚香玉危机严重地影响到了产品质量。品牌承诺，只有等到高品质的花朵再次在市面上流通，才会重新推出香水。在一个高度活跃、渴望强劲增长国际市场中，当一家香水公司赢得新的简报时，情况就变得更为复杂：拿下一款将来会在全球发布的重要主力香水（可能有数十万瓶的销量），需要坐拥大量原料库存。

所以，百分百地依赖合成原料就是避免短缺和提供应急保护措施的关键吗？再好好想想吧。尽管可复制性很强，但合成原料也无法幸免突如其来的短缺。过去几年，一家位于德国和另一家在印度的工厂分别发生了火灾和爆炸事故，这都对香水行业造成了严重影响。这两家工厂是一些合成分子的独家生产商，其产品如香叶醇、芳樟醇、龙涎酮和二氢月桂烯醇等分子在香水行业中备受青睐。

衍生版

取个好名字，然后创作一千零一个故事，就能畅销无敌！香奈儿的“邂逅”可以“柔情”或“温柔”，“魅力”也有“运动”或者“极致”版本。迪奥“真我”和穆勒“天使”对花香或者美食的前调做了变化。娇兰的“法式小黑裙”可以在“清新”“浓郁”“嬉皮时髦”“黑色雪茄”“高级定制”“鸡尾酒礼服”“花瓣”之间摇摆。这些浪漫或者运动风的清新香水有时候会以限量版形式装在藏家香水瓶中发售，借以提升吸引力。然而，衍生版的香水鲜少有原创性。对品牌而言，这么做的目的在于充分利用新品，摊薄新香水名称注册（在国家知识产权数据库中注册会非常昂贵）、香水瓶设计以及品牌形象代言人酬劳的成本。衍生版的另一个目的则是以新品占据更多的货架位置。香水专家迈克尔·爱德华兹估计，在 2016 年发布的所有香水中，衍生版占到了 10%。因为分销香水的任务变得日益激烈，香水屋只有与主要的香水连锁零售达成商业合作协定，才能在货架端头或者商店靠前位置展示自家的产品。

因此，衍生版算一种营销手段还是正式香水？不管是哪种，只要销量好，这些香味改造品也许能让其他经典香水留存下来：据说多亏了“法式小黑裙”无数的衍生版，不太赚钱的“午夜飞行”才得以幸存。

奥斯莫提克香水档案馆

逝去的香水何去何从？其中有 800 款香水栖身于世界上唯一的香水档案馆——凡尔赛的奥斯莫提克（Osmothèque，词源来自希腊语 osme 和 theke，意思分别为“香味”和“贮藏”）香水档案馆中，这里也是当代香水以及用于古老配方中被遗忘的原料和香基的家园。这座庞大的嗅觉数据库，对当代香水而言是知识与灵感的源泉，对千万观光客、香味传承的爱好者以及好奇的探索者而言，则是一处独特胜地。

1990 年，在 10 多位调香师倡议动员下，创建了奥斯莫提克香水档案馆，其中包括让·巴杜品牌的调香师让·凯雷奥（Jean Kerléo）。这个机构位于法国最有声望的调香师学校——ISIPCA 校园中一幢不起眼的建筑中。让·凯雷奥是当时法国调香师协会（French Society of Perfumers，缩写为 SFP）的主席，多年来他眼见曾与香水业历史交织的香水和香水屋消失，倍感绝望。他和他的同事们宣称，香水只有被闻到才算存在。如果我们这一代人撒手人寰，那么香味的传承又何去何从？他们成功说服了香水委员会以及伊夫林省[①]商会捐资他们的项目，凯雷奥也无偿担负起运营奥斯莫提克香水档案馆的任务，直至 2008 年。

精心守护的秘密

娇兰、霍比格恩特、科蒂还有其他更多的品牌……多年来，让·凯雷奥让数百种被遗忘的香迹重生，又受到奥斯莫提克人（同样也是无偿志愿者）的悉心守护。首先调香师必须识别每款香水，然后创造香味类

① 伊夫林省：法兰西岛大区所辖省份，省会为凡尔赛，即奥斯莫提克香水档案馆所在城市。

型将其归类。然后，假如调香师或调香师的后代还保留了配方，那么调香师要找到它们，这样才能精准地再次还原出香水的原貌。有些配方是由品牌亲自托付给奥斯莫提克香水档案馆的。这些高度机密而且珍贵的档案躺在位于凡尔赛的银行保险柜中：总共有 100 份香味记录，都是奥斯莫提克香水档案馆经过漫长而复杂的流程才获得的。

香味宝库

这座藏馆保存了许多历史悠久的香水，它们在让·凯雷奥的帮助下复活，包括根据老普林尼配方调制的罗马皇室香水（公元 1 世纪），具有强大的重获青春疗效的香水匈牙利皇后之水，在拿破仑·波拿巴征战意大利时发现的古龙水，即拿破仑的盥洗之水。在这座香味宝库中，所有的香水都不为人所见，并且保存在避光和填充了氩气的环境中，这种气体充满了香水的表面，防止香水在接触空气时被氧化。和香水一同保存的，还有一些原料，例如东京麝香、龙涎香和灵猫香，出于经济和生态原因，这些原料几乎已经完全从香水中消失了。

目前，在帕特里夏·德尼古莱（Patricia de Nicolai）的带领下，奥斯莫提克香水档案馆继续肩负着教育和保护的使命。这家非营利机构依靠津贴、赞助以及来自奥斯莫提克之友协会（Société des Amis de l'Osmothèque）的出资维持着运营。该机构另一个收入来源是出售由调香师主持的多场大会的门票，以及组织针对团体的私人游览。

仿冒和知识产权

为了确保产品能有长远的将来，品牌必须保护自身免遭仿冒。2014 年，一家标榜“香味近似”的法国公司因 3 年来仿冒大牌香水，并在网站上以低价销售产品而被定罪。一年之后，一家西班牙分销商被指控不正当竞争，该公司还因仿冒被起诉。在法国，大约有 20 多家连锁店出售“灵感来自畅销香水”的产品，价格是原作的三分之一或四分之一。法国司法系统对剽窃和抄袭的处理非常严肃。尽管保护性框架有利于奢侈品牌，

被审判的香水

1999 年 9 月 24 日，巴黎贸易法院的一项决议成了一个保障，让有着明确特征的香水的未来更看好。当天，蒂埃里 · 穆勒香水公司长达 7 年的诉讼终告获胜，被诉方是莫利纳尔。几年前，这家格拉斯的香水屋重新推出了一款旧作“尼尔马拉”，香味与穆勒 1992 年创作的第一款美食调香水“天使”十分相似。根据消费者的意见和感受，他们在闻到两款香水的时候根本无法分清彼此，法院因此裁定两款香水之间存在“令人困扰的相似性”。法院下令莫利纳尔修改“尼尔马拉”的配方。因此“天使”被判定为“有权受到版权保护的原创香水”。然而，此案最终宣判所依据的起诉主张为“不公平竞争、偷梁换柱和仿冒”。

但实际的香水却不受版权法所管辖。人们可以对名称或者香水瓶设计进行注册，但是香水本身不可能主张知识产权。法庭翻案一再发生，因为香水并非脑力劳动的作品，而是“专业知识的简单运用”。香水创作者们尽可以发誓只要阅览（保密）配方就能知道香水的风貌，但是最高法院却根本不买账。

出类拔萃靠创新

如今，非法破译一款香水比从前容易多了。有了高效的设备和流程，任何香水制造商都能分析出竞争对手的热卖香水中的精确成分，然后“以此为灵感”从市场上分一杯羹。当今世界抄袭横行，对此很多人只是佯装愤慨，品牌也倾注大量的资金，以求在众多品牌中鹤立鸡群。比起讨伐不伦不类的香水，创作香水的公司更加注重创新：除了精心保护的配方和有专利的萃取方法外，他们投资去搞研发，公司内部的化学家致力于改进全新的香味元素。有了这些（可以申请专利的）内控分子，他们可以成功创作出不可仿效的香水……除非等到竞争对手也能使用同样的分子。香水制造商也投入大量金钱，用于采购专属的天然资源，先人一步使用这些资源从而避免竞争，或者以生物科技对这些天然资源进行改造。分离蒸馏广藿香就是一个例子，这种技术以相同的原料生产出多种成分，而无泥土的香味特征。另外一个案例，是在某个特定地点专属地生产某种花卉，例如香奈儿的玫瑰净油就来自格拉斯附近佩戈马[1]所种植的玫瑰。

① 佩戈马（Pégomas）：是法国滨海阿尔卑斯省的一个市镇，属于格拉斯区。

调整香水配方

亚历山德拉·科辛斯基，CPL 香精公司

在一款香水的生命周期内，配方也许会变化。这是为什么？怎么变？有什么限制？英国香水企业 CPL 香精公司的资深调香师及英国香水总监——亚历山德拉·科辛斯基（Alexandra Kosinski）解释了调香师如何应对。

为什么会发生调整配方的情况？通常是因为关于原料的使用有更严格的规定。拥有配方的公司会列出含有疑问成分的香水，并且警告使用了该成分的品牌需要调整配方。品牌采购香水浓缩原液的价格必须和此前持平，因此改动不能影响成本，这并不容易。假设我们以铃兰醛（Lilial，世界上最畅销的铃兰香味分子，从 2015 年起，其使用受 IFRA 的建议被限制）为例，替代品的价格是原来的两倍。

谁负责调整配方？如果可能的话，会由香水的原作者负责调整配方：这是行业规则，因为涉及保密，而且再没谁比原作者更清楚配方也是不争事实。在更大的机构内有专门的小组负责这项任务，通常会包括初级调香师，因为调整配方也是学习机会。团队协作很有趣。对我自己而言，我喜欢这项工作，我把它当成游戏和解谜。

你如何操作？我们从最近发布的在售版本开始，因为它配方是最新的，而且所含的需要变化的成分较少，这样做的风险是和原始版本渐行渐远。我们用另外的成分替换掉有问题的。以铃兰醛为例，我们可以试着用铃兰吡喃（Florosa）或者是波洁红醛（Bourgeanol）替代，其嗅觉特征与铃兰醛相似。每种原料都有特定的挥发速率，所以不可能找到特征完全相同的原料，困难程度视香水香型而定。例如，如果主要是花香调，那么我们可以在配方里多用一些来代替铃兰醛。但是，如果铃兰醛混合在木质调里面，一旦缺少就明显许多。在这种情况下，我们通常就必须全面改造整个配方，恢复其均衡感。如果情况是我们必须剔除一种天然原料，我们可以列出组成该原料的分子，然后排除掉那些有问题的，从而复制出原料香味。这些调整用时从一个月到两年不等。

为什么品牌对重新调整配方讳莫如深？ 20 世纪 80 年代，动物性香调的消失导致了配方上的重大调整，极大地改变了香水的香味样貌。品牌方对此避而不谈，但是消费者注意到这些变化，并且对相关品牌失去了信任。这个话题总是很微妙。如今重新配制作的香水更接近原作。调香师见证了调香盘的稳步扩充，如今原料供应也更为稳定。比方说，以前广藿香被火灾焚毁没有收成，那么就一整年都没有这种原料，自然会有显著的影响。如今，这种情况不常发生。

奥斯莫提克香水档案馆

帕特里夏·德尼古莱，调香师、奥斯莫提克香水档案馆主席

奥斯莫提克香水档案馆远不止是香水行业的配方数据库，这里也是香水之家。这些香水曾经是人们生活和记忆。不管这些香水仍然在售还是早已消逝，它们都是集体意识的片段。通过向所有人展示这些香水，这个国际香水档案馆不仅揭开这种共有传承的面纱，让人一亲芳泽，而且重新唤醒了和个体经历相联的亲密情感。调香师帕特里夏·德尼古莱自2008年起出任档案馆主席，她为我们描述了一个重要而独特的项目的运作情况。档案馆目前也在寻求新的资金来源，确保其长远发展。

奥斯莫提克香水档案馆吸引着众多专业和业余人士，后者如何才能与馆内保存的香水亲密接触？很遗憾，参观奥斯莫提克香水档案馆和参观博物馆不同。谁知道呢，也许有天它也可以像博物馆那样！想要闻香，需要在我们的网站上注册登记选择导览中的一项，每项导览都是一段旅程，带领参观者发现被遗忘的香水作品。参观者如有特殊要求，也可以提前电话告知。在每次导览结束的时候，如档案馆内有保存，参观者都有机会闻到他们寻找的香水。

人力资源方面可支配的有哪些？我们有一个项目经理、一个实习生，还有一位兼职人员帮我们管理收藏，准备导览。其他的工作由志愿调香师完成，他们会轮班到这里主持导览和每月会议，我们在会上讨论如何提升导览体验和香味藏品，使之多元化。截至目前，我们共收藏了4500款香水，每年组织超过100次导览。从来没有哪个团队如此精简，却肩负起如此大的使命！

你们的商业模式是怎样的？巴黎商会以及法国化妆品行业协会（FEBEA）资助我们。他们连同法国调香师协会，都是奥斯莫提克香水档案馆的创始合作方，发起了本项目。国际创香者协会（International Society of Perfumer-Creators，缩写为ISPC）最近加入了我们。其他资金来自我们组织的导览、在售的书籍和礼盒，以及奥斯莫提克之友协会成员、企业和个人的捐助，我们充分利用手头不算稳定的资源。我们需要更多捐助：我们想要搬迁到巴黎去，提升曝光度也发展团队。我们代表了调香师这个职业的传承，就如同法国国家香水图书馆。品牌和配方公司需要明白这点，并以更行之有效的方式帮助我们。

你们如何获取遗失的原料从而复刻包含它们的香水？ 对于香水中已经不存在的动物性原料，例如麝香，我们还有一些库存。同样的还有那些已经变得稀有的原料。对于十分昂贵的产品，例如来自格拉斯的茉莉或者普罗旺斯玫瑰，多家公司寄来我们所需的量。我们也依靠配方公司复刻已消失的香基。我们目前正要求配方公司重新评估那些塑造了时代的香水的老配方，这样就能造出全新的原版。奇华顿调遣了他们公司两名调香师来完成这项精细任务，对奥斯莫提克香水档案馆的未来而言，是一个巨大进步。我们希望其他公司也能仿效此举。

第 11 章

THE PERFUME LOVERS' GUIDE

香友指南

当香水流露出它真实的样貌，不仅仅只是一种好闻的气味，也许会勾起人们对香水世界的特别兴趣，甚至全心投入的热情。本章是一份简短的指南，无论香水爱好者是刚刚入门还是已经登堂入室，在香水之旅的每一阶段皆可使用。

本章作者：约翰·塞尔维

A→Z

激情的诞生

对许多人而言，香水是日常生活的一部分、一项消费品、一种美妙的气味，能为日常仪容增添一丝略带诱惑的风情。但也有人视其为非比寻常之物，并非日用而是为隆重场合所备。归根结底，我们都希望芬芳萦绕、心情愉悦，与这种外在的、人造气味融合，直到它们成为我们的一部分。人们常说“我爱香水”，这句话的真正含义仅仅是我们用香水。然而，这是每一位将来的香水爱好者与信徒的起点。在某个时刻，每个人都有可能体验到某种触动，这往往是个人私密的感受，这些感受让我们对香水有一种全新的、更广泛的视野。我们会逐渐意识到嗅觉世界的深度和广度，意识到香水是一种美学，一种艺术品和创作。当然，条条大路通罗马，每个人都会根据自己的过往、情感、品味，选择最适合自己的道路，通向一个宽广的十字路口，交汇了艺术、化学、植物学、地理学、历史，甚至社会学。对一个人、一种观念、一件物品的强大情感便是激情，欢欣的感受和满溢的热诚是其表现。

还有需要不断被满足的好奇心。使用香水并成为香水爱好者或信徒的人都热衷于不断学习，最重要的是想探索和了解这个新世界。在 21 世纪初之前，要满足对于这一领域的知识很难，当时专门介绍香水的书相当罕见。那时，女性媒体以及较少数的男性媒体会报道香水，公布每一款新作，但不会发

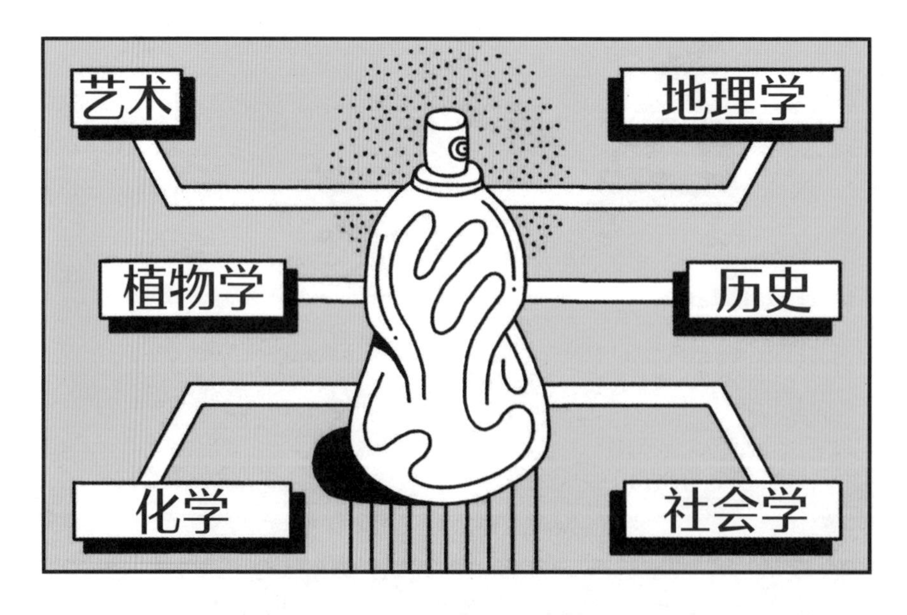

表任何看法。像是迈克尔·爱德华兹以及安妮可·勒盖雷尔[①]这样的先锋，其最早的香水著作可追溯至 20 世纪 90 年代。早在 1992 年，卢卡·图林[②]出版图书《香水指南》（*Parfums:le guide*），2019 年出版英文版《香水指南》（*Perfumes: Parfums le guide*），是最早一批采用评论方式书写香水的作者。3 年后，丽贝卡·弗耶-加约（Rebecca Veuillet-Gallot）跟随他的足迹，出版了《香水指南》（*Le Guide du parfum*），这本书原文为法语，2004 年和 2013 年分别重印发行。21 世纪头十年初期，随着互联网的普及，在英语国家中逐步涌现出一批评论香水的博客，例如 Basenotes（基调）、Now Smell This（现在闻闻这个）、Bois de Jasmin（茉莉花木）以及 Perfume Shrine（香水圣地）。2006 年法国也出现了一批此类博客，Poivre Bleu（蓝色胡椒粒）、Grain de musc（一粒麝香，英法双语）、Musque-moi！、Dr Jicky & Mister Phebus（姬琪博士和腓比斯先生）和 Auparfum 都是其中的代表。Makeup Alley（阿利美妆，美国时尚门户网站）以及 Beauté Test（美丽测，法国美妆测评网站）这样的网站，以提供美妆产品名录和消费者反馈为特色，收获了一个庞大、活跃的互动社群，每天用户都在论坛版块分享新闻和见解。香水爱好者也渐渐摆脱了孤立状态，他们与其他行家、爱好者和收藏家互动，培养热情和提升知识。最初虚拟的关系已经发展成了一个真正的群体。

提升香味文化

如果不曾接受过任何香水培训，要获取丰富的香味文化知识也许看似困难甚至有些令人望而生畏。但事实根本不是这样。要解析一款香水的香调，可以从别处获取知识。阅读有关香水的出版物以及浏览那些专门为香水世界开设的网站和博客必不可少。如果想要探究某种特定谐调、香调或者原料，不妨去到商店中，看看那些包含这些元素的香水，留心你所寻找之物。例如，如果想要知道西普是什么，不仅仅只是停留在理论分类上，试试娇兰的“蝴蝶夫人”、

① 安妮可·勒盖雷尔（Annick Le Guérer）：法国大学教授、人类学家、哲学家、历史学家，香水和气味领域的专家，出版了多本与香水和气味相关的书、译作并发表了多篇学术论文。

② 卢卡·图林（Luca Turin）：著名的香水评论家，其著作《香水指南》引发了大众对香水文化的关注。

倩碧的“芳香精粹”或者是迪奥的“迪奥小姐”原版。对比这些香水的共通之处，就能对某个特定谐调有个概念。对于醛花，试试香奈儿的“五号”、浪凡的“琶音”、罗莎的“罗莎夫人”或者爱马仕的“驿马车”，你会辨认出这些美妙花香中的特征。如果想要把握晚香玉的芬芳（假如你没在花店工作的话），不妨关注那些单一香调的香水，这些香水以某种原料为中心，但是包含多种原料的不同特征侧面，例如馥马尔的“花香染指”、塞吉·芦丹氏的“罪恶晚香玉”、罗拔贝格的“喧哗”以及凯利安的“超越爱情”。众所周知的前中后调香调金字塔结构是为了强调或者表述某些原料以及香水的主调或者谐调，并非配方或者成分；金字塔结构有助于消费者理解并告知他们能闻到什么，也是十分有效的营销手段。但是，别太依赖香调金字塔：如果仅仅因为不喜欢香堇菜却发现它出现在香调金字塔中，从而错失一款美妙的香水，这何尝不是一种遗憾。

最后，有些公司和机构开设调香研习班，你可以在课堂上扮演一名抱负满满的调香师，并且认识香水中使用的原料和关键性谐调。

香水世界

当你走进香水连锁店，这些消费主义的圣殿之时，你也许会体验一种复杂的情绪。从令人叹为观止琳琅满目的香水，满满成排的全新作品和无尽的芬芳，到背景音乐对耳朵的冲击和香气不时对鼻子的侵袭。环境中充斥着各种气味，交融形成了时下香水行业的强烈写照。有意思的是，我们可以注意到香水行业中占据上风的香味的变化，反映出新兴的潮流（花果香调、麝香东方调、木质琥珀调、美食调等等）。为了优异的表现，即获得更广阔的消费者基础且转化为巨大的销量，在这种嗅觉过剩的大环境中，当今大多数香水必须强烈而持久。商店的通风系统常常难以疏散销售助理或顾客到处喷洒的香水味道。如果商店提供闻香纸或者试香条，也沾染了一大堆不断喷洒的香水。你能做的，

是将选好的香水喷洒在自己的肌肤或者一小块织物上，或者干脆索要试香小样，试香小样基本上都是免费。当商店里的香气不再充斥你的鼻子，你可以在方便的时候试用香水。花上几小时或者几天与你选择的香水共处。理想的测试时段是早上，在一夜好梦之后，鼻子也重获新生。享受放松的片刻，一段安宁私密的时间。倾听自我心声，放飞情感；选择香水一种自由，理应被珍视。别让广告、营销或店铺助理有时候非常偏颇的观点左右你。没有人比你更了解自己。因为习惯使然或者缺乏自信，你会常常寻求亲友的意见；虽然人在社会生活中为达到和谐的状态充满妥协，但允许自己自私一点，做出自己的决定。

作为香水爱好者，你想要尝试、探索，无所不知。在售香水的款式之多既令人眼花缭乱也心潮澎湃。在商店的货架上，新品香水被放在舞台中央。除了娇兰的“一千零一夜”或香奈儿的“五号”，旧款香水和伟大的经典被压在货架最下方，不那么方便拿取也难以吸引目光。若是以“好”回应销售人员的一句“能为您做点什么”，就意味着开启了一段有可能危险的冒险。花大力气尝试分享你的所知，有时候有用，会带来

真正有趣而富有启发的讨论。但你经常面对的却是圆滑的营销话术，还有咄咄逼人的新品推销。旧款香水甚至会惨遭贬低，被打上“老年人香水”的标签。然而别犹豫，大胆尝试经典，若你想提升自身嗅觉品味，了解香水业界的历史与变革，尝试这些“退居二线”的香水是基本必需。它们也许会让你惊喜、感兴趣、迷恋或者厌恶。它们往往具有强烈的个性，其架构与当下潮流相去甚远，总能激起你的某种反应，以其魅力令你着迷。不妨去理解这些香水，索取试管样品用上几天。这些香水往往都不会轻易透露它们的秘密，给它们一些时间赢得你青睐。你会发现有一些经典香水依然现代感十足；即使另一些看似过时，你也能欣赏其品质和美感。

尽管主流香水业是某些大失所望的体验之源，但是也总是让人上瘾，让人爱恨交织，你会一再重返，想要闻香水的渴望无法抗拒，不管它们是新还是旧。香水爱好者都是乐观主义者，追踪最新的产品，希望会为之倾倒迷醉。

终有一天，你会发现沙龙香水的世界，从奢华品牌的私属系列开始，这些产品在品牌自营店内出售，例如香奈儿、娇兰、迪奥、爱马仕、纪梵希、圣罗兰和阿玛尼。自 21 世纪头十年中期，几乎所有的这些香水巨头都开发出私属系列，为的是让品牌形象更完满，也应对新兴品牌冲击站稳脚跟。这是因为不同规模的独立品牌构成的、更加私属的市场开始发展起来，独立品牌在自营店内销售或通过其他独立香水商店进行分销。在沙龙香水的世界里，顾客服务和原料是关注重点。沙龙香水在过去 20 年间蓬勃发展成了零散而截然不同的市场，尽管其中有许多瑰宝，但是也无法免于市场营销的把戏：有时候，某些作品和主流香水市场上的相似但定价甚高，或香水平平无奇，又或者品质可疑。“沙龙”或者“私属”并不一定等同于品质有保障或优秀。别忽视或轻视主流香水业，其中不乏好香水，这点很重要，不妨将先入之见抛开，尽情在各个品牌间徜徉。

香水与性别

在西方文化中，香水业里的男女之别是从 19 世纪末期出现，20 世纪 60 年代，随着男香的特定嗅觉类型（木质香型、馥奇香型等）和市场营销准则，这种区分迅速加强。在香水连锁店中，不同性别的香水按照严格划分的区域安排分布。从走进店内起，你环顾四周寻找方向，就能发现为你的性别而设定的货品通道。但时不时，你会被诱惑，想要悄悄尝试对立性别的香水。别在意那些惊讶不赞同的目光，让你的渴望和好奇心引导你。从一个货架到另一个，如果对立性别的香水让你倾倒，不妨大胆喷在身上！伟大的经典香水中通常都有一些无性别的元素。比如说，绅士可以为西普、绿意花香、东方甚至复合花束香型的魅力所折服。你会惊叹，这些香水不改变你分毫却如此适合你。你很快就会发现，那些与你擦肩而过的幸运路人中，能让他们惊讶的只有你身上香水的美丽。别再迟疑，走出舒适圈开始冒险吧！

寻觅古董香

20 年前，当互联网刚刚兴起时，还能在拍卖网站上以极低价格找到老香水。渐渐地，到了 21 世纪头十年中期，调整配方现象的规模以及对其认识的提升，加上香水博客掀起的对经典香水的重温，催生出一种全新的现象：追求“古董”香水。“古董”香水这一术语指的是已经消失或依然在售但大幅度修改配方的香水。面对这种大规模的现象，2008 年，LVHM 集团成功禁止法国 eBay（易贝）销售该集团的香水和美妆产品（迪奥、纪梵希和高田贤三等）。最炙手可热和最昂贵的古董香水是娇兰、卡朗、香奈儿和迪奥的经典和一些相对较新的作品，它们从市场上消失后让消费者感到绝望。后一类包括古驰的“嫉妒”，罗莎的“谜”，三宅一生的“一生之火”；还有两款可望而不可即的香水是所有狂热香水藏家的圣杯：杰奎斯·菲斯的“灰色鸢尾花”（1946 年）和爱马仕的“牛皮”（1955 年发布的柔和细腻皮革香水，2004 年作为限量系列重新推出）。以私密小组为形式，通常需要管理员授权才能访问的二手香水交易和销售论坛，在世界各地的社交媒体平台上层出不穷。有的论坛拥有数千名成员，组成了活跃的社群。这些论坛的交易方式与拍卖不同：定价合理，规则是先到先得。有时，这种规则可能引发网上争端，因为潜在买家的信息只间隔几秒。众所周知，香水爱好者会削减每月的其他支出，希望最终能买到梦寐以求的香水——此项预算通常与他们的热情同步增长。

保存香水

经常有人告诉你香水的保质期只有 3 年。超过这个期限就会劣化，变得一无是处。但你会注意到在法国，香水包装上不会标注使用期限。香水不像佳酿越陈越香，虽是一件憾事，但肯定能保存超过 3 年！美妆产品上标示 36 个月期限的首要目的还是以法律保护行业，为任何产品变质提供保障，避免在规定期限后出现索赔。但如果你有机会闻一闻任何存世 30 年的古董香水，你会发现其中一些因为岁月愈发美妙。如果原来的所有者在 3 年后就扔掉这些香水，该是何等悲剧！

简而言之，香水的敌人是热度、光照、潮湿和空气。香水最佳的保存方式是把瓶子留在盒子里，放进关好的橱柜中（紫外线会改变香味成分），置于阴凉处和恒定的温度下。对于纯粹主义者、杞人忧天者或是存放爱好者，酒窖或者冰箱里放蔬菜的格子是理想之选！说到这里你或许已经明白，香水最坏的保存方式是没有盒子露出瓶子，丢在潮湿的洗手间里（很好看，但是千万别这么干），或者放在窗台上，甚至更糟糕地被日光直射！理论上，喷雾式的香水会比拍洒式更好保存，后者一旦开封，其中的香水就会接触空气，加速氧化。但是要小心：如果你有阵子没用某瓶香水，最好是对着空气按几次喷头，把吸管中的香水排出。满瓶的香水总是要比半瓶的好保存，还是因为与空气接触和氧化的缘故。香水和香精的后调性原料浓度更高，比更轻盈、易挥发的淡香水保存更好。轻盈的前调（柑橘、芬芳草本等）比后调性的香调对于氧化更加敏感，后调性的香调更沉稳、挥发所需的时间更长，随时间推移更加稳定。但是小心西普香型的香水，其中的广藿香和橡树苔往往会上浮，然后让其余成分混沌不堪，释放出塑料气味。某些花香成分会随时间颜色变深，但香味不变，最值得注意的个例是茉莉和橙花：因为包含邻氨基苯甲酸甲酯（methyl anthranilate），一旦和醛接触就会形成所谓的“席夫碱”[1]。

在古老一点的香水中，狂野和深沉的动物性香调往往会浮现，且在整体香味中占据上风。必须说的是，这种情

① 席夫碱（Schiff base）：也称希夫碱，主要是指含有亚胺或甲亚胺特性基团（－RC=N－）的一类有机化合物，通常是由胺和活性羰基缩合而成。

形会让某些香水爱好者欣喜不已。一款香水能保存多久且适合使用实难推测；归根结底，是没有定论的。最好是交给鼻子来判定：将香水喷洒在试香纸上，然后在手腕上试用。如果几分钟以后，依然气味怡人且清晰可辨，那么一切都好。但是，如果闻到醋酸、塑料或者恼人的金属香调，便可知香水已经变质，就像被木塞污染的酒一样。如果担心健康，那么应当了解，香水主要由乙醇

这种天然杀菌剂所构成，因此细菌或者真菌在这种不利环境中几乎没有机会繁殖。只有香味会被危及，于健康则无碍。

每一瓶香水都有生产编号或者批次代码，因此可以追溯和识别。数字和字母的组合出现在包装或者瓶底。这些代码对于香水爱好者而言非常重要，因为你可以通过它们断定香水作品生产的年份月份，而且更进一步，确定在那期间香水的配方。每一个品牌都是用自己的代码，随着时间推移还会有变化。如有重大的气味变化，香水爱好者会设法找寻比上一次配方调整更老的香水。

以下是一个虚构的批次代码：

3C 8542

3：生产年份的最后一位数字
比如，2013 年。

C：生产月份
字母表的第三个字母，代表一年中第三个月。

8542：生产编号

因此该产品编号是第 8542 号，于 2013 年 3 月生产。

用香建议

不同香水的使用方法各不相同。喷雾式香水的使用量自然取决于香水的强度、你的个人口味、场合、情绪以及希望达成的效果。我们注意到，如今的香水喷头通常很大方，每一次按压都会喷出大量的香水，好让你赶紧把香水用到见底。在哪些身体部位使用你挚爱的香水？是喷在衣物上还是皮肤上？当香水与皮肤接触时，会有更具个体差异的反应。如果你容易出汗，应切记潮湿会严重地改变香水的芬芳和持久度。在衣物上喷洒香水也是非常理想的，尤其是羊毛、棉、羊绒或者丝绸制成的衣物，但是要避免合成材料，因为会产生令人不悦气味。虽然非喷雾式香水在 21 世纪头十年中期基本消失，但香精依然采用这种形式，通常以手指或者瓶塞蘸取使用。然而，皮肤上的污垢和尘埃会随着时间在香水瓶中累积，多少会有碍观瞻，更重要的是，会加速香水的老化。

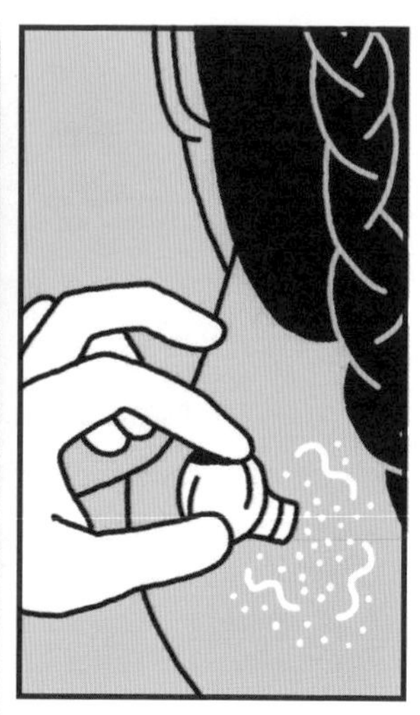

因此建议改用一次性的塑料滴管或者将香精分装进小试管或者旅行喷雾瓶中。香水越少暴露于空气中，就保存得越久。

香水爱好者依循自己的步调，以自己的感受、品位和当时的心情为向导，还不时要担心陷阱，却依然在香水世界前行不休。这些提示只有一个目的：鼓励你保留和珍惜香水营造出的快乐空间，远离所有影响和命令。毕竟，自在地追梦与畅游岂非极致奢华？

适合用香的部位

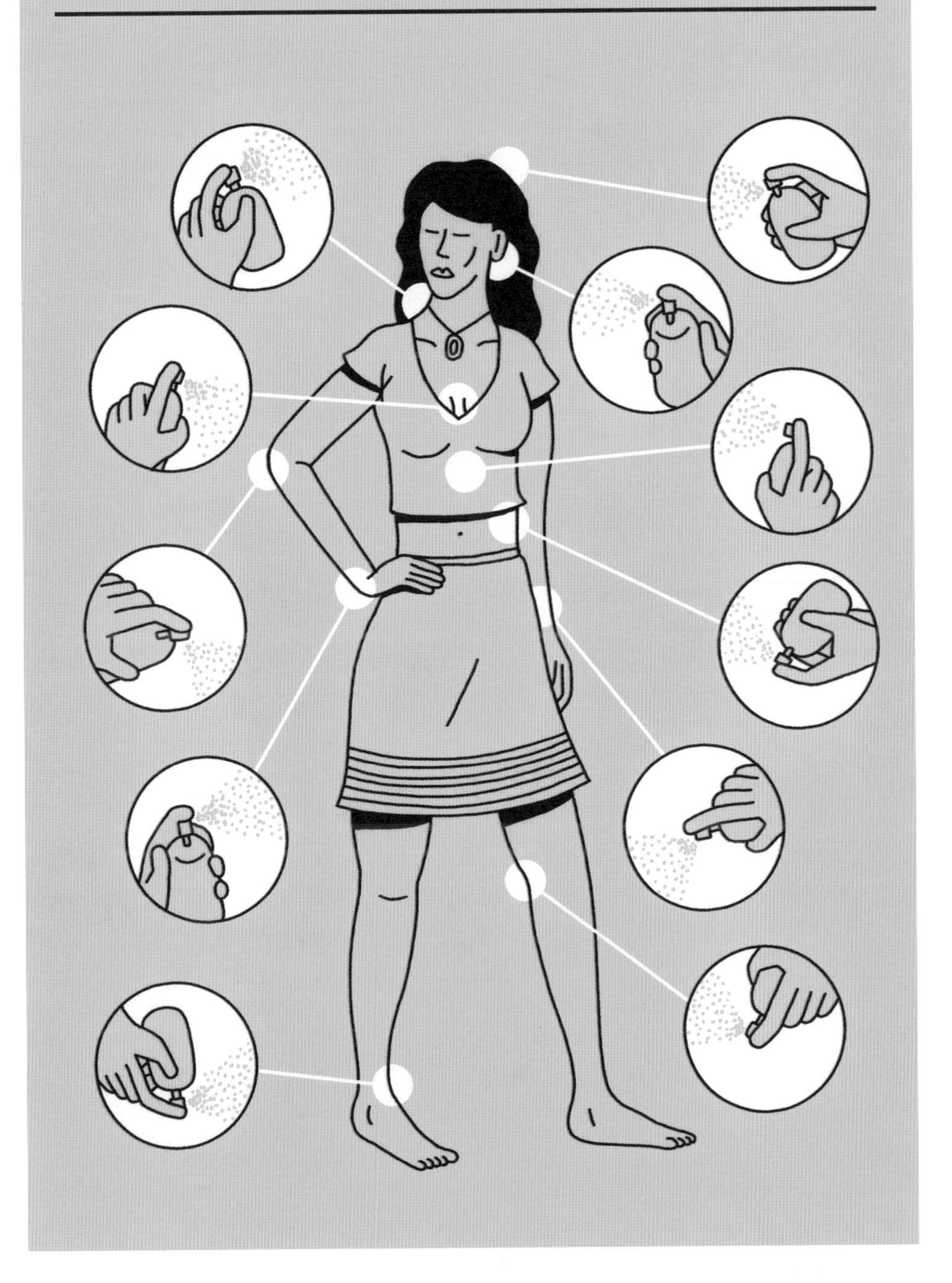

普及香味文化
萨斯基亚·威尔逊－布朗，艺术和香味学院

如果你是一名香水爱好者或只是单纯好奇，想了解更多，那该如何获得香味文化？在这个长期保持神秘又被学术界轻视的领域里，如何满足对知识的渴求？自21世纪头十年中期以来，出现了许多新动向，包括总部位于美国洛杉矶的艺术与香味学院（Institute for Art and Olfaction）。该院的创办者和董事，萨斯基亚·威尔逊－布朗（Saskia Wilson-Brown）讲述了学院的许多活动，其重点都放在一个目标上：嗅觉和香水的民主化。

能谈谈你的职业轨迹吗？我不是调香师，我是名艺术家。我来到洛杉矶，在电影制作行业工作了好几年。然后我读了钱德勒·伯尔[①]的一本书《香水帝王》（*Emperor of Scent*），是关于研究者兼香水评论家卢卡·图林的，这本书引领着我于2012年创立了艺术和香味学院。这是一个非营利组织，致力于普及香味和香水，推广与艺术实践相关联的独立、匠人香水。学院的存在不仅是为香水，也是为所有艺术。当时，学院还是个偏居一隅的小世界；在加州，人们想学习香水这一课题也没什么资源。

艺术和香味学院提供什么？我们有若干种活动类型。首先，针对普通大众的培训，会讲解香水及其原理，探索原料，理解香水的文化潜能，等等。培训基于课程、讲座和研讨会形式，主讲人是调香师及研究人员，特别是历史学家，因为在许多知名的大学也会研究此领域。初学者可从几小时的讲座开始，会上可以闻原料。我们也提供更进阶的课程，从1周到11周不等，同样是面向公众的，尽管更针对香水爱好者。

① 钱德勒·伯尔（Chandler Burr）：美国记者、作家和策展人，著作包括香水主题文章和图书，2006至2010年期间担任《纽约时报》的香水评论员。

学院还有其他什么举措？我们的某些活动是通过艺术项目，重点关注和香味有关的创意性实验。我们与博物馆和艺术家合作，将香味和香水引入他们的实践中。我们也组织一些盛会。每一年我们都针对艺术性香水颁发奖项，这是艺术与嗅觉大奖的组成部分。获奖者来自业界各个领域：调香师、独立品牌创始人以及创意指导，还有与香味打交道的艺术家。我们隔年举办一次气味双年展。每年我们的实验性香味峰会（与艺术家克拉拉·拉瓦[①]共同组织筹办）秉持着 TED 演讲的精神，与艺术家、历史学家、调香师和更多与会者，举行一整天的演讲和研讨会。

为什么在香味和香水领域，教育如此重要？因为这让我们能够带来一些有别于营销信息之外东西。更重要的，因为香水是一门艺术，每个人都应该有机会接触所有的艺术形式：绘画、音乐、文学和香水。香水世界看似非常法式，甚至巴黎式，有些排外，但其实是全球性现象，对所有人而言都应该是触手可及、易于理解的。

① 克拉拉·拉瓦（Klara Ravat）：常驻德国柏林的嗅觉艺术家和实验电影制作人，也是闻香实验室（Smell Lab）的创始人。

ANNEX

附录

疑问与成见

—

术语表

—

名称索引

—

追寻芬踪

疑问与成见

闻起来像老奶奶的香味！

香水也有自身的潮流和趋势，随着时代朝来暮去。尽管有些香水上市已逾百年，至今依然在售。当你听到有人用“闻起来真老派”这样的言辞来形容娇兰的“一千零一夜”或香奈儿的“五号”时，切莫惊讶。数十年来，这些香水依然屹立不倒，有时是因为本身无与伦比的美丽，有时是因为已经登上神坛。其中一些香水成为领航者，催生出许多后裔。毫无疑问，闻起来“老派”是许多香水创作者和使用者最害怕听到的评价。只要提及一款香水名或品牌，脑中就会迸发出这种表述，仿佛某些招牌香水自动地就与“过时”的意味相联。其次，在盲测时，即使不受香水名称或品牌的影响，也会有同样的指摘。事实上，就算在最最现代的作品中，只要一用到某些香调就必然会被打上过时的标签。这种情形在玫瑰和香堇菜香调上时有发生，在集体潜意识中，它们都被划为老派的香味。那么问题来了：为什么这些复古的香水无法像其时尚对照物，以古董服装和二手衣物商店的形式，同样获得日渐增长的成功呢？例如，人们需要对古典音乐有所熟悉，才能欣赏某些类型，“过时”的标签也会让这些类型深受其害。只有提升文化素养和知识，才能拓宽自我嗅觉的疆域，不忘过去同时走进时常被低估的传承之中。“不会吧？你穿牛仔裤和白 T 恤居然不喷‘五号’香水？”

香水比淡香水好吗？

不一定。好不好看品质而非浓度。一款淡香水的浓度通常比同系列的香水浓度要低。换言之，是酒精中的香精浓缩原液更为稀释。由于配方不同，淡香水轻盈清新，与香水的浓郁、持久和饱满形成对比。因此，柑橘或清新花香自然是前者合理之选，而木质、香膏和醉人花香则是后者中的主角。有些人喜欢淡香水轻快、清新或者更偏花香调的风貌，香水更丰沛、自信的特征对另外一些人更具吸引力。说到底，不过是口味的问题。如今，一款香水产品的不同浓度版本各具特色，有时候甚至配方也不同，互为彼此的衍生版。非要追根究底，最好还是比较不同的浓度版本或者在皮肤上试香，看看哪种更适合你。

闻咖啡豆能净化嗅觉吗？

应该所有人都在香水店里受邀去闻一闻容器中满满的咖啡豆。人们一直以来认为“3”是一个神奇的数字，莫名地具有魔法，所以在闻过 3 条试香纸之后，所有销售顾问都会不约而同地告诉你：“一次闻 3 款以上的香水，鼻子会饱和的。我给您拿点咖啡豆清一下鼻子吧。这样能重新恢复嗅觉！”

咖啡豆的惯例十分普遍，顾客会自行索要来一发咖啡因，要是没有反而会大惊失色。虽然“清洗”鼻子的画面不太雅观，但是这种技巧所谓的效果到底有几分？事实上，咖啡豆“清洗”鼻腔、鼻黏膜和嗅毛的有效性，是没有科学依据做支撑的。在品闻两款香水的间隙，咖啡豆的香味让思维集中于简单而熟悉的气味上。这意味着你可以在两条试香纸之间切换，而不受前一条的影响。咖啡豆只不过是转移注意力的事物。你可以用任何东西替代咖啡豆，只要气味足够简单而强烈，可以抓住感官就行。有个沙龙品牌想要与众不同，选择了更加优雅“清鼻剂”，他们让顾客闻整粒的黑胡椒。但有时候，最简单的方法最有效，任何一位调香师都会告诉你：洁净新鲜的空气或是你自己肘弯的气味就能让嗅觉回归正常。下次试试吧！

好大的味道！

当你早上出门，衣装整洁、洗过澡用过香水，身后留下香味，偶尔，会听到有人说：“是谁在身上倒了一瓶香水？”伤人的话语犹如刀割！你感到不安，仿佛犯下罪过。“是的，我用了香水，有什么大不了？”又不是泡在香水里。当你将身上的香水与都市环境中侵扰鼻腔的所有气味相比，地铁车厢中的味道、汽车废气、拥挤公交上令人不悦的腋下气味，早上你精心挑选的香水真不算是对鼻子的摧残。这种时而重复的评价暗藏另一个真相：广义而言，香水和气味在几个世纪之中惨遭非议。不管好闻还是难闻，散发气味都会换来人们的皱眉。当味道来自男性，更是如此。证据就是，长久以来，哪怕只闻到一丝香水味，人们就会窃窃私语“好大的味道”，并且摆手、吸鼻子。这种随意做出的评价与批评别无二致，就好像是说：“这儿有什么东西真难闻！”仿佛下水道恶臭与衬衣领子上散发出的芬芳，二者让人恶心的程度不相上下。

香味切勿张扬，切勿打扰旁人……这是西方社会普遍接受的准则，虽然这条准则已经走向极端，不给任何气味留下任何余地。结果就是在某些情况下，使用香水已成为一种耻辱，一种满怀内疚的乐趣。

我可以自制香水

想成为调香师不等于真的就是调香师。在当今我们所处的 DIY 世界里，当然可以上网找到一些教程，解释如何在酒精里混合精油或者制作不同液体基质的植物汤剂。但是，涉足这类实验绝对不意味着你能达到与市售香水相同的品质。更不用提制作或使用自制产品的风险。事实上，香水制造受到严格法规约束，限制了可以使用的成分。自制香水时不了解或不遵守这些规定可能会危险，例如肉桂精油会引起发炎，或者香柠檬油在皮肤上会引发光敏反应。至于香味方面的产品，你能够期待的最好结果是一些基本气味的混合，令人愉悦但无法和调香师的创作相提并论。自制香水在品质、均衡度、持久度或者香迹水准上都无法达到相同的水准，因为掌握香水制造的技艺所需要专业和经验，只有通过经年累月的培训和实践才能获得。

我喜欢的香水香气不持久

香水持久度不同，取决于两个要素：浓度和成分。浓度越高，香水持久度越好。但是浓度也有一定的上限，为的是在持久度和香味效果之间取得最佳平衡。如果超过这个理想浓度，香水就会不堪重负，太浓缩以至于走向相反的效果：均衡被打破，失去香迹和光彩，黏滞在皮肤上不挥发。就好像你几乎再也闻不到，或者更糟糕的是令人不悦！配方则是维系香水持久度的关键。由较轻的分子构成的柑橘或花朵清新香调，在喷洒之后迅速挥发。相反，仅以麝香、香草和琥珀为例，这几种香调更沉郁，因此挥发度较低。例如，一款古龙水的香气坚持不了一整天，你也不必沮丧。

一款香水的持久度也可能取决于特定审美的追求。某些香水的根本在于架构和浓度，以轻盈、精致和清新为重点，因为这些是其表现风格。金银花香的配方之美，本就在于微妙而转瞬即逝，因此只能轻盈。这意味着香水不会特别持久，没什么大不了！它纤细的效果以及唤起的情感胜过持久度。如果代价是一天之中得喷好几次香水，也别吝惜，因为最快乐莫过于重温刚喷香水时的清新和闪耀。在最近几年，对于香水强度和持久度的迷恋达到了顶点，让微妙感荡然无存，因为顾客们习惯了强势的香味。随着香水价格上涨，消费者希望物有所值。人们习惯香味具有压倒性的香水，对此的需求越来越大。专业人士当然很理解这种讯号：香水需要强烈而持久！好像“强烈的气味”就等于“昂贵的气味”，这意味着我们如今挑选香水不仅会考虑气味，还会考虑表现力。然而，解决之道并非提升浓度，因为这样做会导致“钝化”现象。每一天都用同样的香水，香水会与个人气味相融合。我们的大脑会熟悉并且忽略这种气味，确保不被其淹没。消除这种自然适应的诀窍是尽可能频繁地更换香水。

样品中的香水和大瓶中的是否一样？

毫无疑问，这是最牵强附会的成见。且不谈为样品生产单独配方所耗费的时间和金钱，这种做法在销售现场也极具风险。分发出去的样品香水和销售的版本不同会让人疑惑，更重要的是，带来真正的失望感，让消费者不再重复购买。香水生产的时候，同样的香水会灌装进售卖的大瓶、样品和试用装里。可以觉察到的差异，来自不恰当的样品储存，这会导致样品中所含的香水提前老化。小容量的香水面对氧化更加敏感，特别是容器气密性不好的时候，例如2毫升的样品试管，如果是塑料的就更是如此。容量更大，但是同样在不恰当的条件下储存，你在商店货架上找到的试用装的处境最为糟糕：暴露于光照和商场冬天灯光的热度之下，试用装会迅速变质，带给人们的香味印象与有盒子保护的瓶子里的香水不同。

香水是化学产品，因此有害健康

因为总是与人工的和危险的东西联系起来，“化学”二字自带一种消极意味。然而，从我们的身体机能到摄取的食物，我们的整个存在都被化学所支配——没有化学就没有生命。化学同样让植物能够制造营养、色素和香味分子。天然的植物萃取的和实验室合成的分子同样都是“化学的”。消费者却将天然产品与安全画等号，往往会去担心已知的合成原料，常常将其描述成“化学的”，即使最烈的毒物源自天然。打个比方，实验室制造的分子也可能天然存在于植物中。天然萃取物是几百种不同分子的混合物，知道这一点很重要；其中某些分子具有腐蚀性，另一些则有光敏性或者刺激性。即使这些分子包含在精油中，也能让易感体质的人群发生过敏反应。调香师会使用一些所谓“人造的”、天然不存在的分子。这些分子完全是人工发明的，在投放市场之前都会经历相近的分析和测试，确保无害。一大批欧洲机构和国际机构会强制执行并且定期修改规范和指令，确保市场上销售的香水的安全性。不管是天然还是合成原料，来源并不决定其品质或有害性。

最畅销的真的就最好吗？

你决定换一款香水，或是想送别人一瓶香水当礼物。两眼茫然的你，在香水商店满满当当的货架之间穿行，迅速陷入疑惑之中，不知道该选什么。显眼的“新款到货”、“限定款”和“热门畅销”的标示牌也没能让选择变得更容易。所以你做出了一个看似合理的决定：“我就选畅销款，畅销的一定好闻！”虽然一些杰出的经典作品确实也是畅销香水，但是这是因为品牌一直通过大量的宣传维持着这些香水的名气（香奈儿的“五号”、迪奥的“清新之水”），或者建立在口碑之上的成功慢慢地将这些香水推上畅销榜（穆勒的“天使”）。但是它们的热门地位不断地受到新发布产品的挑战，给这些新品撑腰的是来势汹汹的广告宣传和广泛的消费者测试。素人组成的测评小组，代表着潜在购买人群，他们在盲测中品闻香水，说出自己更偏好的款式。毫不意外的是，最甜蜜、最美味和最浓郁的香味，尤其是最熟悉通常获得消费者给出的最高分，意味着这些香水与目前的畅销款相似。我们都偏好自己了解的东西。凭着这些结果，品牌累积起了数据，用来校正包装、气味和广告，尽可能贴近消费者想要的、喜欢的、会买单的。校正这个词是产品开发方法最好的总结；在这种方法之下，创新毫无立足之地，就更别提冒险了。“畅销即高品质”的说法该告一段落了。选择一款香水最好的方法是让欲念和感受自由驰骋。所以，花点时间在皮肤上试用吸引你的香水，别让货架上的标签影响你。

调香师不吸烟

调香师首先并且说到底是有血有肉的人。有些调香师是要吸烟的。香烟当然会改变我们的嗅觉感受。所以，来到调香学校的每个学生都会被告知，在培训期间不要开始吸烟甚至戒烟。他们要么在参加课程之前就戒烟成功，要么继续吸烟，从而避免对于所学全新香味的元素和语言在认知上的偏差。一位著名的调香师兼老烟枪曾经宣称，他没办法戒烟，不然就得从头开始再次学习闻香。

高品质的香水仅包含天然成分

天然原料怡人、富有表现力而珍贵——但仅靠它们是不行的！香水制造是一门艺术，有赖于非常广泛多样的调香盘，将天然原料（精油、净油和香膏等）有合成原料相结合。不管是天然存在（橙子中的柠檬烯和玫瑰中的香叶醇）还是人工发明（降龙涎香醚、乙基香兰素和家乐麝香），这些合成制造的分子和天然原料一样，带来了嗅觉上的丰富性和多样性。正因为这些分子，香水制造在过去的 100 多年中，进入了一个全新境界，或者说，其繁荣有目共睹。稀有而珍贵的天然萃取物，由香味分子的混合物构成，有时候其香味与天然植物相去甚远，难以单独使用起来也不一定怡人。这要归咎于萃取工艺，在分离植物精华时损害主要香气原料。当调香师追求创作出尽可能写实而单靠天然精华无法再现的效果时，或是为了创造全新的香味形式，他们会以合成原料为基础构建框架，用天然原料进行打磨。同样，这些合成成分提升了香水的持久度，新原料的加入大大扩展了调香师的调香盘，令香味效果倍增，就如画家在颜料表中添加新的色调一般。合成原料也许比某些天然原料更昂贵；以降龙涎香醚为例，其价格是香橙精华的 50 倍。如果没有这些成分，许多标杆性的作品不会诞生，包括"五号""一千零一夜""寄情""一生之水"。虽然创作 100% 的天然香水是可行的，但其价格、持久度及观感都难以令人满意。与之相对，100% 的合成香水可以拥有美妙气息但是总缺点什么，缺一点唯有天然成分才能为整体配方带来的东西——共鸣与变化，赋予香水丰满的灵魂。因此，高品质的香水是天然产物与合成原料令人愉悦的平衡，二者彼此组合，传达理念，表露情感。

香水在我皮肤上变得难闻！

全部？你确定？的确，皮肤环境对于香水并不友好，根据皮肤类型，香水中混合的分子会因湿度、酸度和温度等外部因素起反应，导致不同程度的变化。因此，对调香师而言，皮肤是重要的阻碍，在创作配方时必须加以考虑。但开发香水包含若干步骤，为的是在所有的香调中找到完美的特征香味和均衡度，也会在皮肤上进行多轮测试，保证在使用时香味真实还原。因此，香水不太可能像人们经常声称的那样"变难闻"。当调香师或者销售顾问听到顾客这么说的时候，他们听到的其实是"这款香水不适合我"，他们理解的是"我受不了这款香水"。香水变化至无法辨认的程度，或像人们经常认为的那样，会因使用者不同而完全不同，这类情形鲜有发生。尽管如此，一些香水可能比其他更容易在皮肤上发生变化和不稳定，特别是香水中易受影响的天然成分含量较高，如柑橘类水果、草本和花朵。东方调和木质调香水的成分要稳定得多，不太可能感知到变化所带来的影响。

术语表

Absolute（净油）

采用挥发性溶剂及酒精漂洗（去除掉残留的蜡状物质），从花朵、树脂等植物体萃取得到的天然原料。

Accord（谐调）

将原料混合，达成均衡而工整的香味，是香水创作的基础。

Alcoholate（酒精溶液）

浸泡了植物原料的酒精。

Amber（琥珀）

由香草、劳丹脂和香脂（妥鲁香脂、古巴香脂和安息香）构成的东方型谐调。琥珀之名来自科蒂的“古法琥珀”（1905 年），如今用以称呼架构或特征基于这种谐调的香水。琥珀与抹香鲸产生的龙涎香并无联系，后者具有动物性、木质和蜡质芬芳；与珠宝制作中用到的、无味的树脂化石也不相干。

B

Base（香基）

20 世纪早期，新芳香分子的生产厂商将天然和合成原料的混合，以推广潜力产品，并且方便调香师使用。这种初级配方如今已经很少使用了，尽管其中一些为许多著名香水奠定了基础。

Blotter or tester strip（试香纸或试香条）

蘸取香水的纸条，可浸润或喷洒，便于嗅闻香味，品赏香水的细节变化。

Captive molecule（内控分子）

配方公司申请了专利的分子，在 20 年内享有独占权。这意味着受雇于这些公司的调香师可以使用独一无二的原料，因此在竞争中脱颖而出。因为无法用气相色谱法（参见相应词条）识别出来，所以在配方中使用内控分子同样意味着无法复制配方。

Chromatography
（气相色谱法）
一种分离香水中的不同成分，从而加以识别并进行分析的技术。

Chypre（西普）
一种香水类型，其主要谐调由香柠檬、玫瑰、茉莉、橡树苔、广藿香和劳丹脂构成。这种谐调来自1917年科蒂的“西普”，这是第一款成功确立该香型并将其推向市场的香水。许多其他早期的香水使用了相同的名字，也许取自传统的“塞浦路斯小鸟”（Cyprus brides），这是一种在中世纪使用的、鸟形芳香饰品。然而，该名称与这座地中海小岛的联系未经证实。

Collection（香味收藏）
经调香师修改后的配方或谐调，保存下来以备由合适的项目，或者只是将其作为某个作品的创作起点。调香师会修改配方，以符合某些特定要求。

Cologne（古龙）
香水的香型，主要是由柑橘、橙花、薰衣草和迷迭香精华构成，浓度约5%。其名称源自最早的“科隆之水”，由意大利籍调香师让·马里·法里纳于18世纪早期在德国科隆创作。为纪念调香师的第二故乡，故为该香水取名科隆，这款香水以其治疗性获得了医用的美誉。自从诞生以来，迅速成为畅销产品风靡全球。

Concentrate（浓缩原液）
天然与合成原料的混合物，有时候加入了溶剂，即用酒精稀释之前的配方。

Concentration（浓度）
浓缩原液在酒精溶剂中所占比例。如古龙水（eau de Cologne）、淡香水（eau de toilette）、香水（eau de parfum）、纯香精（extrait de parfum）及香精（parfum），都是最经常使用的名称，依次表示逐渐提高的比例，但是并不遵循任何严格规定。各类名称并无实质性的强制最低浓度。还有其他一些更梦幻的名字，例如精纯古龙（extrait de cologne）、精华香水（serum perfume）、浓情香水（eau de parfum intense）以及妙灵香精（elixir de parfum）。这些名字不特定指代浓度，品牌用它们传递出香水效力、持久度或者品质给人留下的印象。

Essence（精华）
或称精油。通过水汽蒸馏法获得的天然原料，是从花朵、草本、木质、根部和叶子等天然物中提取的香味混合物。

Extraction（萃取）
通过不同的技术和工艺，将香味成分从原料中提取出来的做法。

Flanker（衍生版）
基于另一款香水的香水，通常瓶子相同，名字几乎相同，但是香味属性并不（一定）

一样。衍生版、变体版、限量版或者只是单纯一种新浓度，有时候在香水货架之间转悠太容易迷失，而且你根本搞不清到底闻了什么！

Formula（配方）

用来制作香水浓缩原液的原料明细清单，包括每种成分的比例。

Fougère（馥奇）

得名于霍比格恩特的皇家馥奇的香味谐调，以薰衣草、香叶天竺葵、橡树苔和香豆素为特色，还可以加入各种木质或者东方香调。馥奇最初是一种中性香调，但是从20世纪70年代起，开始成为男性香水的化身，尤其是与剃须产品联系在一起。

IFRA（国际香精协会）

1973年，香精行业成立了国际香精协会，这是一个行业自律组织，拥有自己的独立科学评估委员会，即香精原料研究学院（Research Institute for Fragrance Material，缩写为RIFM）。该协会定期发布针对香味分子的应用建议和IFRA标准，确保对使用者和环境的安全性。针对某些成分，IFRA要求其成员执行的限制要比欧盟化妆品法规更加严格。

Maceration（浸润）

一种工艺，将浓缩原液在酒精中静置数日令香调融合。

Mod（修订）

Mod是“modification”（修改）的简写，指的是在一个特定项目中，为一款香水而先后开发出的所有配方。

Note（香调）

在香水配方中，一种或多种原料有特色、可辨别的香味。

Olfactory Family（香型）

专业人士通常将香水划分为不同的香型，但是并没有官方权威的分类；每家配方公司都有自己的方法。然而，法国调香师协会（Société française des parfumeurs）使用的分类通常被用作参照标准。柑橘、花香、东方、西普、馥奇、芬芳草本和木质调是最常见的香型，还可以分出更多次级香型，让分类更加细化：东方香草、茉莉花香、木质檀香等。有些分类是为了适应某些香调潮流类型而新创的，例如美食香、果香和沉香。尽管这些分类具有主观性，但对于沟通和创建香味体系非常有用。话虽如此，两款统一香型的香水有时候也会天差地别。

Oxidisation（氧化）

在长时间与空气接触后，香水的成分发生变化，高温可以加速这一过程。

Palette（调香盘）

调香师创作香水作品时，可以调用的天然和合成原料的集合。

Perfume organ（调香琴台）

香水创作实验室中，摆放有大量原料的展示台。调香琴台的形状各异，最广为人知的是半圆形，如圆形剧场。

Pyramid（香调金字塔）

展示香水构成和挥发速率的三层结构。在最上方是前调，具有很强挥发性，首先散发。然后是中调，可以在接下来的数小时内散发。在最下面是最为持久的基调，在衣物上可以保持数天。香调金字塔是一种营销概念和手段，金字塔无法掩盖的事实是，香水不光只是成分而已，执行、风格、均衡度和审美同样很重要，但是很难概念化地呈现。而且香水真实的香调展现也不会依照这种先后次序：所有成分或多或少都在同时挥发！

Raw material（原料）

创作香水的基本成分。要么是天然的动植物原料，要么是合成原料，由其他物质通过化学合成而来。

Solinote（单香调香水）

以某种成分为中心的香水，但也包含其他构成和修饰配方的原料。

名称索引

续表

中文名称	外文名称	分类	首次出现页
嘉柏丽尔·香奈儿	Gabriel Chanel	品牌创始人	第 30 页
五号	N° 5	香水名	第 30 页
让·巴杜	Jean Patou	品牌名	第 30 页
爱慕	Amour Amour	香水名	第 30 页
我知道什么?	Que sais-je?	香水名	第 30 页
告别理性	Adieu Sagesse	香水名	第 30 页
亨利·阿尔梅拉	Henri Alméras	调香师	第 30 页
喜悦	Joy	香水名	第 30 页
泽德夫人	Madame Zed	调香师	第 30 页
珍妮·浪凡	Jeanne Lanvin	品牌创始人、品牌名	第 30 页
安德烈·弗雷斯	André Fraysse	调香师	第 30 页
保罗·瓦谢	Paul Vacher	调香师	第 30 页
玛丽·布朗什·德波利尼亚克	Marie Blanche de Polignac	珍妮·浪凡之女	第 30 页
琶音	Arpège	香水名	第 30 页
雅克·娇兰	Jacques Guerlain	调香师	第 30 页
阵雨之后	Après l'ondée	香水名	第 30 页
蓝调时光	L'Heure bleue	香水名	第 30 页
蝴蝶夫人	Mitsouko	香水名	第 30 页
一千零一夜	Shalimar	香水名	第 30 页
卡朗	Caron	品牌名	第 30 页
科蒂	Coty	品牌名	第 30 页
埃内斯特·达尔特罗夫	Ernest Daltroff	品牌创始人	第 30 页
费利西·万普耶	Félicie Wanpouille	卡朗品牌艺术总监	第 31 页
黑水仙	Narcisse noir	香水名	第 31 页
金色烟草	Tabac blond	香水名	第 31 页
圣诞夜	Nuit de Noël	香水名	第 31 页
弗朗索瓦·科蒂	François Coty	调香师	第 31 页

续表

中文名称	外文名称	分类	首次出现页
牛至	L'Origan	香水名	第 31 页
古法琥珀	Ambre antique	香水名	第 31 页
西普	Chypre	香水名	第 31 页
中国绉纱	Crêpe de Chine	香水名	第 31 页
让·德普雷	Jean Desprez	调香师	第 31 页
罗莎	Rochas	品牌名	第 31 页
罗莎女士	Femme de Rochas	香水名	第 31 页
埃德蒙·劳德尼茨卡	Edmond Roudnitska	调香师	第 31 页
迪奥小姐	Miss Dior	香水名	第 33 页
让·卡尔莱	Jean Carles	调香师	第 33 页
皮埃尔·巴尔曼	Pierre Balmain	品牌名	第 33 页
香榭丽舍 64.83	Élysées 64.83	香水名	第 33 页
热尔梅娜·赛利耶	Germaine Cellier	调香师	第 33 页
绿风	Vent vert	香水名	第 33 页
卡纷	Carven	品牌名	第 33 页
我的风格	Ma Griffe	香水名	第 33 页
纪梵希	Givenchy	品牌名	第 33 页
禁忌	L'Interdit	香水名	第 33 页
弗朗西斯·法布龙	Francis Fabron	调香师	第 33 页
莲娜·丽姿	Nina Ricci	品牌名	第 34 页
喜悦之心	Coeur-joie	香水名	第 34 页
比翼双飞	L'Air du Temps	香水名	第 34 页
妙巴黎	Bourjois	品牌名	第 34 页
恩尼斯·鲍	Ernest Beaux	调香师	第 34 页
罗拔贝格	Robert Piguet	品牌名	第 34 页
匪盗	Bandit	香水名	第 34 页
喧哗	Fracas	香水名	第 34 页

续表

中文名称	外文名称	分类	首次出现页
迪奥之韵	Diorissimo	香水名	第 36 页
清新之水	Eau Sauvage	香水名	第 36 页
绿逸	Ô de Lancôme	香水名	第 36 页
罗贝尔·戈农	Robert Gonnon	调香师	第 36 页
罗莎之水	Eau de Rochas	香水名	第 36 页
尼古拉·马姆纳	Nicolas Mamounas	调香师	第 36 页
让·巴杜之水	Eau de Patou	香水名	第 36 页
让·凯雷奥	Jean Kerléo	调香师	第 36 页
爱马仕	Hermès	品牌名	第 36 页
橘绿之泉	Eau d'orange verte	香水名	第 36 页
弗朗索瓦丝·卡龙	Françoise Caron	调香师	第 36 页
纪梵希之水	Eau de Givenchy	香水名	第 36 页
达尼埃尔·奥夫曼	Daniel Hoffman	调香师	第 36 页
达尼埃尔·莫里哀	Daniel Molière	调香师	第 36 页
姬龙雪	Guy Laroche	品牌名	第 36 页
斐济	Fidji	香水名	第 36 页
约瑟菲娜·卡塔帕诺	Joséphine Catapano	调香师	第 36 页
十九号	Nº 19	香水名	第 36 页
亨利·罗贝尔	Henri Robert	调香师	第 36 页
亚马逊	Amazone	香水名	第 36 页
莫里斯·莫兰	Maurice Maurin	调香师	第 36 页
雅诗兰黛	Estée Lauder	品牌名	第 36 页
爱丽格	Alliage	香水名	第 36 页
露华浓	Revlon	品牌名	第 37 页
查理	Charlie	香水名	第 37 页
弗朗西斯·卡马伊	Francis Camail	调香师	第 37 页
迪奥蕾拉	Diorella	香水名	第 37 页

续表

中文名称	外文名称	分类	首次出现页
水晶恋	Cristalle	香水名	第 37 页
贾克·波巨	Jacques Polge	调香师	第 37 页
倩碧	Clinique	品牌名	第 37 页
芳香精粹	Aromatics Elixir	香水名	第 37 页
伯纳德·钱特	Bernard Chant	调香师	第 37 页
卡夏尔	Cacharel	品牌名	第 37 页
安妮安妮	Anaïs Anaïs	香水名	第 37 页
欧莱雅	L'Oréal	品牌名	第 37 页
青春香水	Eau jeune	香水名	第 37 页
清新芬芳	Senteurs fraîches	香水名	第 37 页
东方	L'Orientale	香水名	第 37 页
为他而生	Caron Pour Un Homme	香水名	第 37 页
胡须	Moustache	香水名	第 37 页
绅士	Pour Monsieur	香水名	第 37 页
满堂红	Habit rouge	香水名	第 37 页
让-保罗·娇兰	Jean-Paul Guerlain	调香师	第 37 页
法贝热	Fabergé	品牌名	第 37 页
百露	Brut	香水名	第 37 页
卡尔·曼	Karl Mann	调香师	第 37 页
埃内斯特·希夫坦	Ernest Shiftan	调香师	第 37 页
帕高	Paco Rabanne	品牌名	第 37 页
帕高男士	Paco Rabanne pour homme	香水名	第 37 页
让·马特尔	Jean Martel	调香师	第 37 页
阿莎罗	Azzaro	品牌名	第 37 页
阿莎罗男士	Azzaro pour homme	香水名	第 37 页
热拉尔·安东尼	Gérard Anthony	调香师	第 37 页
圣罗兰	Yves Saint Laurent	品牌名	第 38 页

续表

中文名称	外文名称	分类	首次出现页
奥飘茗	Opium	香水名	第 38 页
让 - 路易·西厄扎克	Jean-Louis Sieuzac	调香师	第 38 页
卡地亚	Cartier	品牌名	第 38 页
唯我独尊	Must	香水名	第 38 页
让 - 雅克·迪耶内	Jean-Jacques Diener	调香师	第 38 页
毒药	Poison	香水名	第 38 页
爱德华·弗莱希耶	Édouard Fléchier	调香师	第 38 页
可可女士	Coco Eau de Parfum	香水名	第 38 页
露露	Loulou	香水名	第 39 页
让·吉夏尔	Jean Guichard	调香师	第 39 页
科诺诗	Kouros	香水名	第 39 页
皮埃尔·布尔东	Pierre Bourdon	调香师	第 39 页
华氏温度	Fahrenheit	香水名	第 39 页
米歇尔·阿尔梅拉克	Michel Almairac	调香师	第 39 页
雅男仕	Aramis	品牌名	第 39 页
新西部男士	New West for Him	香水名	第 39 页
阿里·弗雷蒙	Harry Frémont	调香师	第 39 页
新西部女士	New West for Her	香水名	第 39 页
伊夫·唐吉	Yves Tanguy	调香师	第 39 页
高田贤三	Kenzo	品牌名	第 39 页
毛竹	Kenzo pour homme	香水名	第 39 页
克里斯蒂安·马蒂厄	Christian Mathieu	调香师	第 39 页
晨曦之露	Pafume d'été	香水名	第 39 页
安托万·利耶	Antoine Lie	调香师	第 39 页
让 - 克洛德·德尔维尔	Jean-Claude Delville	调香师	第 39 页
真我	J'adore	香水名	第 39 页
三宅一生	Issey Miyake	品牌名	第 40 页

续表

中文名称	外文名称	分类	首次出现页
一生之水	L'Eau d'Issey	香水名	第 40 页
雅克·卡瓦利耶	Jacques Cavalier	调香师	第 40 页
阿玛尼	Armani	品牌名	第 40 页
寄情女士	Acqua di Giò	香水名	第 40 页
寄情男士	Acqua di Giò pour homme	香水名	第 40 页
阿尔贝托·莫里亚	Alberto Morillas	调香师	第 40 页
安妮可·梅纳尔多	Annick Menardo	调香师	第 40 页
安妮·比尚蒂安	Annie Buzantian	调香师	第 40 页
铬元素	Chrome	香水名	第 40 页
热拉尔·奥里	Gérard Haury	调香师	第 40 页
积歌蒙	Jacomo	品牌名	第 40 页
黑晶	Anthracite	香水名	第 40 页
优客男士	Hugo	香水名	第 40 页
大卫·阿佩尔	David Apel	调香师	第 40 页
优客女士	Hugo Woman	香水名	第 40 页
乌尔苏拉·汪戴尔	Ursula Wandel	调香师	第 40 页
白金男性	Égoïste Platinum	香水名	第 41 页
弗朗索瓦·德马希	François Demachy	调香师	第 41 页
自我	Égoïste	香水名	第 41 页
奥飘茗男士	Opium pour homme	香水名	第 41 页
蒂埃里·穆勒	Thierry Mugler	品牌名	第 41 页
天使男士	A*Men	香水名	第 41 页
雅克·于克利耶	Jacques Huclier	调香师	第 41 页
雨果波士	Hugo Boss	品牌名	第 41 页
自信	Boss Bottled	香水名	第 41 页
卡尔文·克莱因	Calvin Klein	品牌名	第 41 页
CK 唯一	CK One	香水名	第 41 页

续表

中文名称	外文名称	分类	首次出现页
沙丘	Dune	香水名	第 41 页
让·保罗·高缇耶	Jean Paul Gaultier	品牌名	第 41 页
经典	Classique	香水名	第 41 页
魅力	Allure	香水名	第 41 页
珍爱	Trésor	香水名	第 41 页
索菲亚·格罗伊斯曼	Sophia Grojsman	调香师	第 41 页
恋恋情深	In Love Again	香水名	第 41 页
卡莉斯·贝克尔	Calice Becker	调香师	第 41 页
天使	Angel	香水名	第 41 页
奥利维耶·克雷斯普	Olivier Cresp	调香师	第 41 页
资生堂	Shiseido	品牌名	第 41 页
林之妩媚	Féminité du bois	香水名	第 41 页
克里斯托夫·谢德雷克	Christopher Sheldrake	调香师	第 41 页
裸男	Le Mâle	香水名	第 41 页
弗朗西斯·库尔克伊安	Francis Kurkdjian	调香师	第 41 页
风之恋	L'Eau Par Kenzo pour homme	香水名	第 42 页
拉夫劳伦	Ralph Lauren	品牌名	第 42 页
花漾年华	Ralph	香水名	第 42 页
阿兰·阿尔岑贝格	Alain Alchenberger	调香师	第 42 页
汤米·希尔费格	Tommy Hilfiger	品牌名	第 42 页
汤米女孩	Tommy Girl	香水名	第 42 页
蔻依	Chloé	品牌名	第 42 页
阿芒迪娜·克莱儿 - 马里	Amandine Clerc-Marie	调香师	第 42 页
邂逅	Chance	香水名	第 42 页
杜嘉班纳	Dolce & Gabbana	品牌名	第 42 页
浅蓝	Light Blue	香水名	第 42 页
一枝花	Flower	香水名	第 42 页

续表

中文名称	外文名称	分类	首次出现页
可可小姐	Coco Madmoiselle	香水名	第 43 页
迪奥甜心小姐	Miss Dior chérie	香水名	第 43 页
克里斯蒂娜·纳热尔	Christine Nagel	调香师	第 43 页
百万	1 Million	香水名	第 43 页
克里斯托夫·雷诺	Christophe Raynaud	调香师	第 43 页
米歇尔·吉拉尔	Michel Girard	调香师	第 43 页
奥利维耶·佩舍	Olivier Pescheux	调香师	第 43 页
法式小黑裙	La Petite Robe noire	香水名	第 43 页
德尔菲纳·耶尔克	Delphine Jelk	调香师	第 43 页
蒂埃里·瓦塞尔	Thierry Wasser	调香师	第 43 页
更高	Higher	香水名	第 43 页
奥利维耶·吉洛坦	Olivier Gillotin	调香师	第 43 页
霓彩伊甸	Beyond Paradise	香水名	第 43 页
安妮·弗利波	Anne Flipo	调香师	第 44 页
多米尼克·罗皮翁	Dominique Ropion	调香师	第 44 页
奥利维耶·波巨	Olivier Polge	调香师	第 44 页
普伊格	Puig	品牌名	第 44 页
娇韵诗	Clarins	品牌名	第 44 页
香榭格蕾	Roger & Gallet	品牌名	第 44 页
蒂普提克	Diptyque	品牌名	第 44 页
阿蒂仙之香	L'Artisan Parfumeur	品牌名	第 44 页
安霓可·古特尔	Annick Goutal	品牌名	第 44 页
尼古莱	Nicolaï	品牌名	第 44 页
塞吉·芦丹氏	Serge Lutens	品牌名	第 44 页
黑莓缪斯	Mûre et Musc	香水名	第 44 页
绿夏清茶	Thé pour un été	香水名	第 44 页
琥珀君王	Ambre sultan	香水名	第 44 页

续表

中文名称	外文名称	分类	首次出现页
罪恶晚香玉	Tubéreuse criminelle	香水名	第 44 页
馥马尔	Éditions de parfums Frédéric Malle	品牌名	第 45 页
解放橙郡	État libre d'Orange	品牌名	第 45 页
香水实验室	Le Labo	品牌名	第 45 页
凯利安	Kilian	品牌名	第 45 页
奥利维娅·贾科贝蒂	Olivia Giacobetti	调香师	第 45 页
塞尔日·马茹利耶	Serge Majoullier	调香师	第 68 页
朱丽叶·卡拉古厄佐格鲁	Juliette Karagueuzoglou	调香师	第 70 页
苏西·勒埃莱	Suzy Le Helley	调香师	第 72 页
奥雷利安·吉夏尔	Aurélien Guichard	调香师	第 74 页
马蒂埃香水	Matière Première	品牌名	第 74 页
不败玫瑰	Radical Rose	香水名	第 74 页
爱德华·格里莫	Édouard Grimaux	化学家	第 80 页
夏尔·洛特	Charles Lauth	化学家	第 80 页
弗里德里希·沃勒	Friedrich Wöhler	化学家	第 80 页
尤斯图斯·冯利比希	Justus von Liebig	化学家	第 80 页
威廉·亨利·珀金	William H. Perkin	化学家	第 80 页
保罗·帕尔凯	Paul Parquet	调香师	第 80 页
费迪南德·蒂曼	Ferdinand Tiemann	化学家	第 80 页
威廉·鲁道夫·菲蒂希	Wilhelm Rudolph Fittig	化学家	第 80 页
W. H. 米耶尔克	W. H. Mielck	化学家	第 80 页
伊拉·雷姆森	Ira Remsen	化学家	第 80 页
威廉·哈尔曼	Wilhelm Haarmann	化学家	第 80 页
冬之水	L'Eau d'Hiver	香水名	第 80 页
路德维希·赖默尔	Ludwig Reimer	化学家	第 81 页
艾梅·娇兰	Aimé Guerlain	调香师	第 81 页
兹登科·汉斯·斯克劳普	Zdenko Hans Skraup	化学家	第 81 页

续表

中文名称	外文名称	分类	首次出现页
玛丽 - 特蕾莎·德·莱尔	Marie-Thérèse de Laire	调香师	第 81 页
保罗·克鲁格	Paul Krüger	化学家	第 81 页
恩斯特·舍林	Ernst Schering	化学家	第 81 页
阿尔伯特·鲍尔	Albert Baur	化学家	第 82 页
奥古斯特·达尔藏	Auguste Darzens	化学家	第 82 页
罗贝尔·别奈梅	Robert Bienaimé	调香师	第 82 页
皇族之花	Quelques fleurs	香水名	第 82 页
卡尔·W. 罗森蒙德	Karl W. Rosenmund	化学家	第 82 页
海因里希·瓦尔鲍姆	Heinrich Walbaum	化学家	第 83 页
科颜氏	Kiehl's	品牌名	第 83 页
原香香氛	Original Musk	香水名	第 83 页
马克思·斯托尔	Max Stoll	化学家	第 83 页
银影清木	Bois d'argent	香水名	第 83 页
爱德华·德莫勒	Édouard Demole	化学家	第 83 页
布赖斯·泰特	Bryce Tate	化学家	第 84 页
罗伯特·阿林厄姆	Robert Allingham	化学家	第 84 页
让 - 弗朗索瓦·拉波特	Jean-François Laporte	调香师	第 84 页
香草	Vanilia	香水名	第 84 页
约翰·J. 比尔布姆	John J. Beereboom	化学家	第 84 页
唐纳德·P. 卡梅伦	Donald P. Cameron	化学家	第 84 页
小查尔斯·R. 斯蒂芬斯	Charles R. Stephens Jr.	化学家	第 84 页
让 - 马里·圣安东尼	Jean-Marie Santantoni	调香师	第 84 页
逃逸女士	Escape Woman	香水名	第 84 页
马里昂·斯科特·卡彭特	Marion Scott Carpenter	化学家	第 85 页
小威廉·M. 伊斯特尔	William M.Easter Jr.	化学家	第 85 页
安德烈亚斯·格克	Andreas Goeke	化学家	第 85 页
菲利普·克拉夫特	Philip Kraft	化学家	第 85 页

续表

中文名称	外文名称	分类	首次出现页
海克·劳厄	Heike Laue	化学家	第 85 页
邹月	Yue Zou	化学家	第 85 页
弗朗西斯·瓦罗尔	Francis Voirol	化学家	第 85 页
娜希玛	Nahéma	香水名	第 85 页
京特·奥洛夫	Günther Ohloff	化学家	第 85 页
约翰·B. 哈尔	John B. Hall	化学家	第 85 页
詹姆斯·米尔顿·桑德斯	James Milton Sanders	化学家	第 85 页
候司顿女士	Halston Woman	香水名	第 85 页
候司顿	Halston	品牌名	第 85 页
爱马仕大地	Terre d'Hermès	香水名	第 85 页
娜塔莉·洛尔松	Nathalie Lorson	调香师	第 85 页
莱俪	Lalique	品牌名	第 85 页
珍珠美人	Perles de Lalique	香水名	第 85 页
樊尚·鲁贝	Vicent Roubert	调香师	第 86 页
尼兹	Knize	品牌名	第 87 页
尼兹十号	Knize Ten	香水名	第 87 页
巅峰时刻	Moment suprême	香水名	第 87 页
莫利纳尔	Molinard	品牌名	第 87 页
哈巴尼塔	Habanita	香水名	第 87 页
丛林大象	Kenzo Jungle l'Éléphant	香水名	第 87 页
多米蒂耶·米沙隆 - 贝尔捷	Domitille Michalon-Bertier	调香师	第 118 页
韦罗妮克·尼贝里	Véronique Nyberg	调香师	第 120 页
让 - 克里斯托夫·埃尔诺	Jean-Christophe Hérault	调香师	第 144 页
大卫杜夫	Davidoff	品牌名	第 145 页
冷水	Cool Water	香水名	第 145 页
欧珑	Atelier Cologne	品牌名	第 174 页
伊夫黎雪	Yves Rocher	品牌名	第 178 页

续表

中文名称	外文名称	分类	首次出现页
欧舒丹	L'Occitane	品牌名	第 178 页
美体小铺	The Body Shop	品牌名	第 178 页
范思哲	Versace	品牌名	第 178 页
梅森·马吉拉	Maison Margiela	品牌名	第 186 页
柏芮朵	Byredo	品牌名	第 186 页
黑色奥飘茗	Black Opium	品牌名	第 206 页
液态创想	Liquides Imaginaires	品牌名	第 234 页
克莱夫·克里斯蒂安	Clive Christian	品牌名	第 234 页
卢多维克·博纳东	Ludovic Bonneton	品牌创始人	第 236 页
柏氛	Bon Parfumeur	品牌名	第 236 页
黑木	Bois Noir	香水名	第 246 页
午夜飞行	Vol de nuit	香水名	第 250 页
帕特里夏·德尼古莱	Patricia de Nicolaï	调香师	第 251 页
尼尔马拉	Nirmala	香水名	第 253 页
罗莎夫人	Madame Rochas	香水名	第 264 页
驿马车	Calèche	香水名	第 264 页
花香染指	Carnal Flower	香水名	第 264 页
超越爱情	Beyond Love	香水名	第 264 页
古驰	Gucci	品牌名	第 269 页
嫉妒	Envy	香水名	第 269 页
谜	Mystère	香水名	第 269 页
一生之火	Le Feu d'Issey	香水名	第 269 页
杰奎斯·菲斯	Jacques Fath	品牌名	第 269 页
灰色鸢尾花	Iris gris	香水名	第 269 页
牛皮	Doblis	香水名	第 269 页

追寻芳踪

延伸阅读

· Mandy Aftel, *Essence & Alchemy: A Natural History of Perfume*, Gibbs Smith, 2001

· Denyse Beaulieu, *The Perfume Lover: A Personal Story of Scent*, Collins, 2012

· Claire Bingham, *A Scented World: The Magic of Fragrances*, teNeues, 2018

· Chandler Burr, *The Emperor of Scent: A True Story of Perfume and Obsession*, Random House, 2003

· Chandler Burr, *The Perfect Scent: A Year Inside the Perfume Industry in Paris and New York*, Henry Holt and Co., 2008

· Caroline Champion, Annick Le Guérer, Brigitte Proust and Sean James Rose, Givaudan: *An Odyssey of Flavours and Fragrances*, Abrams Books, 2016

· Constance Classen, David Howes, and Anthony Synnott, *Aroma: The Cultural History of Smell*, Routledge, 1994

· Sarah Colton, *Bad Girls Perfume: Tips & Tales*, Water Tower Books Editions, 2016

· Alain Corbin, *The Foul and the Fragrant: Odour and the Social Imagination*, Harvard University Press, 1986

· Michael Edwards, *Perfumes Legends II: French Feminine Fragrances*, Michael Edwards & Co. Emphase, 2019

· Jean-Claude Ellena, *The Diary of a Nose*, Particular Books, 2012

· Marie-Christine Grasse, *Perfume, a Global History: From the Origins to Today*, Somogy Éditions d'art, 2007

· Catherine Haley Epstein, *Nose Dive: A Book for the Curious*

Seeking Creative Potential Through Their Noses, Pacific Northwest: Mindmarrow Publications, 2019

- Barbara Hermann, *Scent & Subversion: Decoding a Century of Provocative Perfume,* Lyons Press, 2013
- Annick Le Guérer, *Scent: The Mysterious and Essential Powers of Smell,* Chatto & Windus, 1992
- Laurianne Millot and Thiriot Odile, *F. Millot, Perfumer: From Eau Magique to Crêpe de Chine, The history of a family,* Le Pythagore, 2017
- Robert Muchembled and Susan Pickford (translator), *Smells: A Cultural History of Odours in Early Modern Times,* Polity, 2020
- Lizzie Ostrom, *Perfume: A Century of Scents,* Hutchinson, 2015
- Carla Seipp, *The Essence: Discovering the World of Scent, Perfume and Fragrance,* Gestalten, 2019
- Luca Turin and Tania Sanchez, *Perfumes: The A - Z Guide,* Profile Books, 2008
- Luca Turin and Tania Sanchez, *Perfumes: The Guide 2018,* Perfüümista ÖÜ, 2018

网上资源

博客和网站

- *Basenotes*
  www.basenotes.net
- *Bois de jasmin*
  www.boisdejasmin.com
- *Cafleurebon*
  www.cafleurebon.com
- *Colognoisseur*
  www.colognoisseur.com
- *Fragrantica*
  www.fragrantica.com
- *Grain de musc*
  graindemusc.blogspot.com
- *Kafkaesque*
  www.kafkaesqueblog.com
- *Now Smell This*
  www.nstperfume.com
- *Perfume Shrine*
  perfumeshrine.blogspot.com
- *Persefume*
  www.persefume.com
- *Persolaise*
  persolaise.blogspot.com
- *Scent Culture Institute*
  www.scentculture.institute
- *Scentury*
  www.scentury.com
- *Take one thing off*
  www.takeonethingoff.com
- *The Candy Perfume Boy*
  www.thecandyperfumeboy.com
- *What Men Should Smell Like*
  www.whatmenshouldsmelllike.com
- *We Wear Perfume*
  www.wewearperfume.com

专业媒体

- *BW Confidential*
  www.bwconfidential.com
- *Essencional*
  www.essencional.com
- *Perfumer & Flavorist*
  www.perfumerflavorist.com
- *Premium Beauty News*
  www.premiumbeautynews.com
- *Scentree*
  www.scentree.co

场馆

奥斯莫提克香水档案馆

位于凡尔赛的奥斯莫提克香水档案馆是世界上第一家也是唯一一家香水档案馆。1990年，该档案馆由让·凯雷奥以及一群顶尖调香师创建，如今拥有4000款香水，其中包含的800款已佚失。复制这些香水所依据的配方，或是由调香师在奥斯莫提克香水档案馆记录而来，或由配方公司提供。馆内宝藏藏汇集了来自如科蒂、娇兰、普瓦雷和让·巴杜等香水屋的标杆性香水。奥斯莫提克香水档案馆旨在保存和保护香水业的遗产，同时薪火相传。档案馆定期在巴黎就不同主题召开会议，会议面向专业人士、学生、爱好者和新手。

36, rue du Parc de Clagny,
78000 Versailles, France
Tel：+33 1 39 55 46 99
osmotheque.fr

艺术与香味学院（The Institute for Art and Olfaction）

艺术与香味学院是一家非营利组织，致力于香气的探索、教育和实验。
932 Chung King Road
Los Angeles CA. 90012
Tel：+1 213 616 1744
artandolfaction.com

Museums 博物馆

• 国际香水业博物馆（Musée international de la Parfumerie）
2, boulevard du Jeu-de-Ballon
06130 Grasse
France
Tel：+33 4 97 05 58 00
www.museesdegrasse.com

• 香水博物馆（Musée du Parfum）
3-5, square de l'Opéra-Louis-Jouvet
75009 Paris
France
Tel：+33 1 40 06 10 09
musee-parfum-paris.fragonard.com

• 法里纳香水博物馆（Farina Fragrance Museum）
Obenmarspforten 21
50667 Cologne
Germany
Tel：+49 221 399 89 94
www.farina.org

• 洛伦佐·维洛雷西香水博物馆及学院（Museum and Academy of Perfume Lorenzo Villoresi）
Via de Bardi 12
50125 Firenze
Italy
Tel：+39 055 2340715
www.museovilloresi.it

展会

公众展会

- Barcelona Olfaction Week（西班牙 巴塞罗那）
www.barcelonaolfactionweek.com

- PerFumum （意大利 都灵）
www.perfumumtorino.com

- Smell Festival （意大利 博洛尼亚）
www.smellfestival.it

- Sniffapalooza （美国 纽约）
www.sniffapalooza.com

- Scent Week （美国 洛杉矶）
www.scentweek.com

专业展会

- Esxence（意大利 米兰）
www.esxence.com

- Fragranze（意大利 佛罗伦萨）
www.pittimmagine.com

- Simppar （法国 巴黎）
www.simppar.fr

- 世界免税品展览会（Tax Free World Exhibition）
www.tfwa.com

- 世界香水行业代表大会（World Perfumery Congress）
www.worldperfumerycongress.com

本书作者

德尼斯·博利耶
（Denyse Beaulieu）

记者兼作者德尼斯·博利耶于 2008 年 3 月创建博客“Grain de Musc”，著有 *The Perfume Lover, a Personal History of Scent*（《香水爱好者，一部个人气味史》，哈珀·柯林斯出版社，2012 年）以及 *L'Enfant vers l'art*（《儿童与艺术》，否则出版社，1993 年），也是 *Sytlist France*(《设计师》) 法国版、*Citizen K*（《公民 K》）国际版的香水编辑。她曾在伦敦时尚学院带“解密香水”研讨班课程，目前担任巴黎国际奢侈品管理学院 EIML 香水历史的讲师。她负责 ISIPCA 夏季学校“香水语言”课程板块。

贝亚特丽斯·布瓦瑟里
（Béatrice Boisserie）

贝亚特丽斯·布瓦瑟里是一名记者，为法国日报《世界报》供稿，也是 YOS（声香瑜伽）工作室的创始人，将瑜伽、香味和声音治疗融为一体。2012 年，她创建了博客“Paroles d'odeurs”（气味词条），记录知名人物和普通人的香味记忆。在完成哲学和人类文化学的学习后，她分别在巴黎“第五感官”[①]和语言艺术基金会（Institut des Arts de la Voix）学习香水知识和瑜伽。

埃莱奥诺尔·德博纳瓦尔
（Éléonore de Bonneval）

埃莱奥诺尔·德博纳瓦尔是一名摄影记者，她的工作结合了新闻、神经科学以及艺术装置。作为一名“气味摄影师”，她策划了多个互动式展览，例如主题为“失去嗅觉的生活”的展览 *Anosmia*（嗅觉障碍）、*The sentimental sense*（感伤），静默而无形的香气展览 *Olfactory journeys and Smell*（嗅觉旅程和气味）。她曾为 Nez 出版社《自然笔记》（*Naturals Notebook*）系列丛书供稿。

① 第五感官（Cinquième Sens）：1976 年成立于法国的香水专业培训机构。

萨拉·布阿斯
（Sarah Bouasse）

萨拉·布阿斯是一名自由记者，在五岁接触到娇兰“姬琪”时，第一次被香水所吸引，从此对香水世界充满热诚。2012 年，她创建了博客“Flair”（天赋），更广泛地检视我们嗅觉与自我的联系，尤其着重传递人们“源自真实生活”的反响。她也为 Nez 出版社的多份出版物供稿。

欧仁妮·布里奥
（Eugénie Briot）

历史学家及作者欧仁妮·布里奥是奇华顿调香学校的项目经理，帮助培训未来的调香师。2009 年至 2014 年，她在古斯塔夫·埃菲尔大学（Université Gustave Eiffel）担任讲师，共同指导创新设计和奢侈品硕士学位课程。

约翰·塞尔维
（Yohan Cervi）

约翰·塞尔维现代香水历史方面的评论家和讲师，兼任奢侈品牌顾问。2017 年，他创立了 Maelstrom（旋涡）香水实验室。约翰收集昔日香水，也是 Au parfum（香水评论）编辑团队的古董香水专家。他也为 Nez 出版社的多份出版物供稿。

奥利维耶·R.P. 大卫
（Olivier R.P. David）

奥利维耶·R.P. 大卫是凡尔赛 - 伊夫林地区圣康坦大学（Versailles Saint-Quentin-en-Yvelines University）讲师。他是调香学位硕士课程配方和感官测评的主教授，该课程与香水高等学院（École Supérieure du Parfum）合办，针对见习调香师传授有机化学课程。奥利维耶也收集古董香水，热衷讲述芳香化合物以及发现它们的化学家背后的故事。他也是 Nez 出版社《自然笔记》系列丛书的供稿人。

奥雷莉·德马东
（Aurélie Dematons）

奥雷莉·德马东是 Le Musc & la Plume（麝香和羽毛）的创始人，该机构专注于香水创作和嗅觉身份。从概念到开发，奥雷莉·德马东在创作流程的各个阶段均提供建议。结束在科蒂及第五感官的工作后，从室内香氛到其他其他场合的香味创作，例如酒店、汽车和铁路车厢，她开始探索不同的创新领域。2017 年，她开始一场芳香植物的环球之旅。她是香味文化杂志 *Nez* 以及 *Expression cosmétique* 的定期供稿人。

朱丽叶·法利于
（Juliette Faliu）

朱丽叶·法利于是一位香水专家，也是其领域中多项创新性举措的幕后功臣，她于2006年创办了第一个法语香水博客“Poivre bleu”，后更名为“Le nez bavard”。2011年，她合作创办了Olfactorama，该组织开创了法国首个独立香水奖项。朱丽叶深入的香味实践已逾10年，并且开发出一套香水品质的评估方法论。

希拉克·居尔当
（Hirac Gurden）

希拉克·居尔当是法国国家科研中心神经科学研究的负责人和嗅觉研究组成员，他在巴黎大学教授神经科学。他的工作重心是大脑对气味的表达以及嗅觉和摄入食物之间的交互作用。他与非营利组织Anosmie.org合作开发出了一套嗅觉康复的方案，并受邀参加了若干电视和电台节目，讨论有关嗅觉感官和大脑的知识理论进展。

安娜-索菲·奥伊洛
（Anne-Sophie Hojlo）

获得历史学位毕业后，安娜-索菲·奥伊洛成了一名记者，并且为新闻杂志《新观察家》（*Nouvel Observateur*）撰稿，浸淫于法庭氛围与巴黎餐厅美妙香味之中。2018年她先加入Auparfum的团队，随后加入Nez，并开始为Nez多份出版物供稿，包括Nez出版社的《自然笔记》系列丛书。

帕特里斯·勒维拉尔
（Patrice Revillard）

帕特里斯·勒维拉尔是Maelstrom创香实验室的调香师，他也是2017年成立该实验室的联合创始人，对植物的兴趣将他引入了香味的世界。他出生于法国阿讷西，2012年迁居巴黎就读于高等香水学院并于2017年毕业，如今在母校教授配方课程。

德尔菲娜·德·施瓦特
（Delphine de Swardt）

德尔菲娜·德·施瓦特主攻方向是沟通香味作品以及气味的描述性语言，在获得传播学博士学位后，她在香水行业中进一步磨炼自己的语言学专长。如今，她部分时间在新索邦大学执教和做研究，部分时间撰写有关于香水和叙事艺术的作品。她寻求以合适的词汇分享和复述感官，她从事的所有活动均与此相关。她定期为Nez出版社的《自然笔记》系列丛书供稿。

亚历克西·图布朗
（Alexis Toublanc）

2010 年，亚历克西·图布朗初涉香水世界，当时的身份是 Au parfum 网站作者，后又在自己的博客“Dr Jicy & Mister Phoebus”上发表文章。此后，他在 ISIPCA 继续深造并于 2017 年毕业。他与调香师马克 - 安托万·科尔蒂夏托共事，并为 Nez 出版社的多份出版物供稿。

让娜·多雷
（Jeanne Doré）

主编
让娜·多雷分别于 2007 年及 2016 年联合创办网站 Au parfum、香味文化杂志 *Nez*，她一直大力支持面向更广阔受众，推行香味文化与香水批评分析。闻香与写作是她的热情所在。

热雷米·佩罗多
（Jeremy Perrodeau）

插画家
热雷米·佩罗多出生于 1988 年，曾于艾斯蒂安高等平面设计艺术学院（École Estienne）学习图像设计。以风景与辽阔空间为灵感源泉，2017 年他发表了《暮色》（*Crépuscule*），2020 年发表《沿着废墟》（*Le Long des ruines*），两部作品由 2024 出版社出版。他还曾为多本图书以及《餐饮指南》（*Le Fooding*）、《解放报》（*Libération*）和《乌斯别克和里卡》（*Usbek & Rica*）杂志的文章创作插画。

致谢

对于花时间与我们分享知识、专业见解以及经验的如下诸位，我们致以谢意；没有这些分享，就无法集思广益形成本书的独家内容。

· Alain Alchenberger
· Sylvie Armando
· Renata Ashcar
· Dora Baghriche
· François-Raphaël Balestra
· Calice Becker
· Manon Béjuge
· Marielle Belin
· Joséphine Brondel
· Marie-Eve Carle
· Élisabeth Carre
· Nicolas Chabot
· Christian Chapuis
· Eugène Charabot
· Marc-Antoine Corticchiato
· Fabien Craignou
· Solène Davy
· Marie Delhinger
· Paulo Dinis
· Catherine Dolisi
· Astrid Dulau-Vuillet
· François Duquesne
· Michael Edwards
· Jean-Claude Ellena
· Thomas Fontaine
· David Frossard
· Alexis Grau Ribes
· Roberto Greco
· Judith Gross
· Pierre Guillaume
· Anne-Laure Hennequin
· Jean-Christophe Hérault
· Jérôme Herrgott
· Will Inrig
· Martin Jaccard
· Delphine Jelk
· Alain Joncheray
· Aurélie Keller
· Philip Kraft
· Maxime Laurent
· Amélie Lavie
· Thibault Leriche
· Mathilde Lion
· Paul Liurette
· Olivier Maure
· Soraya Moralent
· Mario Moura
· Christine Nagel
· Ophélie Négros
· Dao Nguyen
· Patricia de Nicolaï
· Gilles Oddon
· Sylvie Polette
· Bertrand de Préville
· Jim Ragsdale
· Caroline Regnard
· Coralie Renaud
· Paul Richardot
· Guialmar de la Riva
· Chantal Roos
· Victorien Sirot
· Anthony Toulemonde
· Céline Verleure
· Cécile Zarokian

我们还要特别感谢让 – 克劳德 · 艾列纳、热罗姆 · 埃尔格特（Jérôme Herrgott）以及塞利娜 · 韦尔勒（Céline Verleure）通读全书。最后同样重要，我们希望感谢所有 Au parfum 和 *Nez* 香味文化杂志的读者，从开始陪我们一路走来。

出版总编
让娜·多雷

编辑
玛丽昂·萨洛尔（Marion Salort）
卡米耶·安塞尔（Camille Ancel）
威廉·安德森（William Anderson）

艺术指导和图像设计
Atelier Marge Design

插画
热雷米·佩洛多

制作经理
玛丽安娜·梅纳热（Marianne Ménager）

商务合作与销售
多米尼克·布吕内尔（Dominique Brunel）
dbrunel@bynez.com
+33 6 43 75 73 48

“嗅觉的机制”一章改编、翻译自 *Nez, la revue olfactive* #1（法语版）中的 *Itinéraire d'une odeur* 一文，2016 年春夏刊行。
“明日之香”一节改编、翻译自 *Nez, the olfactory magazine* #5 中的 *How tomorrow's scents are invented* 一文，2018 年春夏刊行。

本书所有内容均依据与不同领域专家面谈而来。

市场数据源于 NPD 和欧睿国际。

引用价格的币种为美元。欧元与美元汇率按 2020 年 6 月数据。